中文版 AutoCAD
制图快捷命令查询宝典

高智雷 陈 伟 张铁军 编著

兵器工业出版社

内 容 简 介

　　AutoCAD 是当前工程制图中应用最广泛的软件，广泛应用于机械、电气、模具、建筑等行业。本书讲解 AutoCAD 常用快捷命令，对每个命令的讲解配有相关实例。通过本书的学习，读者可以轻松、有效地掌握 AutoCAD 的使用技巧。

　　本书包括 25 章和 2 个索引目录，主要讲述了 AutoCAD 操作界面、文件的操作方式、对象捕捉的设置、视图操作、图层应用、常用的绘图命令、常用的修改和编辑命令、尺寸标注、图块操作、文字和表格、三维绘图和编辑命令及图形的打印输出等内容。

　　本书既适合于刚刚接触 AutoCAD 操作系统的初学者，也适合作为大中专院校、高职院校及相关培训机构的教材，还可以作为案头查询的工具。

图书在版编目（CIP）数据

中文版 AutoCAD 制图快捷命令查询宝典 / 高智雷，陈伟，张铁军编著.

-- 北京：兵器工业出版社，2012.8

ISBN 978-7-80248-787-1

Ⅰ. ①中… Ⅱ. ①高… ②陈… ③张… Ⅲ. ①计算机制图－AutoCAD 软件

Ⅳ. ①TP391.41

中国版本图书馆 CIP 数据核字(2012)第 201400 号

出版发行：兵器工业出版社　　　　　　　责任编辑：林利红　李　萌
发行电话：010-68962596，68962591　　封面设计：深度文化
邮　　编：100089　　　　　　　　　　　责任校对：郭　芳
社　　址：北京市海淀区车道沟 10 号　　责任印制：王京华
经　　销：各地新华书店　　　　　　　　开　　本：889×1194　1/32
印　　刷：北京博图彩色印刷有限公司　　印　　张：11
版　　次：2012 年 10 月第 1 版第 1 次印刷　字　　数：260 千字
印　　数：1-4 000　　　　　　　　　　　定　　价：29.80 元

前　言

　　AutoCAD是最流行的辅助设计软件之一，是工程制图人员必备的使用软件。AutoCAD的版本更新速度很快，每次版本升级都会给用户带来很多惊喜，如：操作界面可视化效果更好、工具栏变得更人性化、操作命令的功能变得更强等。

　　如果读者想用最短的时间学会使用AutoCAD进行工程制图，那么本书将是最佳选择。本书主要讲述工作中经常使用的AutoCAD工程制图快捷命令，使读者能轻松地掌握AutoCAD的快捷命令操作技巧，并从中学习到对自身工作有用的工程制图技能。对于初学者来说，这是最简单、最有效的学习途径。

　　本书采用命令介绍和实际案例相结合的讲解方式，完全体现出"所学即所用"的理念。本书不仅有详细的主目录，而且还有双重索引目录（按字母排序的AutoCAD命令集目录、按功能与快捷键速查目录），让读者查询更方便、更快捷。

本书知识点

文件与对象选择操作	图形特性
图形显示控制	格式应用
AutoCAD辅助功能	AutoCAD其他绘图快捷命令
图层的应用	填充图案
直线命令	图形属性分析
圆命令	图块和外部块
构造线命令	尺寸标注
射线命令	编辑标注
矩形命令	文字应用
绘制点对象	设计中心与图形打印
常用的对象调整快捷命令	三维绘图常用命令
常用的对象编辑快捷命令	表示图形的方法

本书从策划到出版，倾注了出版社编辑们的心血，特在此表示衷心的感谢！

本书是由诺立文化策划，主要由高智雷、陈伟、张铁军编写。除此之外，沈燕、陈媛、陶婷婷、汪洋慧、彭志霞、彭丽、管文蔚、马立涛、张万红、陈伟、郭本兵、童飞、陈才喜、杨进晋、姜皓、曹正松、吴祖珍、陈超、张铁军、张军翔也参与了本书部分章节的编写工作，在此对他们表示深深的谢意！

尽管作者对书中的案例精益求精，但疏漏之处仍然在所难免。如果您发现书中的错误或某个案例有更好的解决方案，敬请登录售后服务网址向作者反馈。我们将尽快回复，且在本书再次印刷时予以修正。

再次感谢您的支持！

编著者

CONTENTS 目录

第1章　AutoCAD的文件操作

第2章　对象选择操作

第3章　图形显示控制

第4章　AutoCAD辅助功能

第5章　图层的应用

第6章 直线命令

第7章 圆命令

第8章 构造线命令

第9章　射线命令

第10章　矩形命令

第11章　绘制点对象

第12章　常用的对象调整快捷命令

第13章　常用的对象编辑快捷命令

第14章　图形特性

第15章　格式应用

第16章　AutoCAD其他绘图快捷命令

第17章　填充图案

第18章　图形属性分析

第19章 图块和外部块

第20章 尺寸标注

第21章　编辑标注

第22章　文字应用

第25章　表示图形的方法

第 *1* 章

AutoCAD的文件操作

在最初接触AutoCAD的时候我们先要了解一些系统的基本操作，包括文件的操作、对象的选择和图形的显示控制等，掌握了这些基础的知识才能更好地学习和应用AutoCAD。

命令1 新建图形文件

◉ 命令功能

在AutoCAD中，创建新图形文件的命令语句是NEW。

◉ 命令格式

NEW

实例1　新建图形文件

AutoCAD 2013/2012/2011/2010

❶ 在命令行处于等待状态下，输入并执行【新建（NEW）】命令，如图1-1所示。

图1-1

❷ 打开【选择样板】对话框，如图1-2所示。

图1-2

③ 用户可以根据需要选择一个样板文件，然后单击【打开】按钮，如图1-3所示。

图1-3

命令2　保存图形文件

◎ 命令功能

保存图形文件的命令语句为SAVE，在命令行处于等待状态下，输入【SAVE】命令后按下空格键即可执行【保存】命令。

◎ 命令格式

SAVE

实例1　保存图形文件 　　　AutoCAD 2013/2012/2011/2010 ◎

在使用保存命令对从未保存过的新文件进行储存时，系统将打开【图形另存为】对话框，在该对话框中指定相应的保存路径和文件名后，单击【保存】按钮即可。

在命令行处于等待的状态下，输入【SAVE】命令即可执行保存命令，如图1-4所示。

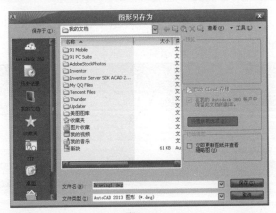

图1-4

专家提示

当完成一个比较重要的操作步骤或工作环节后，应及时对文件进行一次保存，避免因死机或停电等意外状况而造成的数据丢失。

命令3 另存为图形文件

命令功能

当文件已经保存过一次后，再次执行【保存】命令，则会以原文件名和原文件路径进行保存，如果要以其他文件名或其他路径重新保存文件，就需要使用【另存为】命令。

另存为图形文件的命令语句为SAVEAS，在命令行处于等待的状态下，输入SAVEAS命令后按下空格键即可执行【另存为】命令；也可以在AutoCAD经典工作空间状态下，选择【文件】/【另存为】命令执行【另存为】命令，执行该命令后，将打开【图形另存为】对话框，用户可以将原文件以新的路径名进行保存。

命令格式

SAVEAS

实例1 另存为图形文件   AutoCAD 2013/2012/2011/2010

在命令行处于等待的状态下，输入【SAVEAS】命令即可执行另存为命令，如图1-5所示。

图1-5

命令4 打开图形文件

⊚ 命令功能

在工作学习中，如果电脑中已经存在创建好的AutoCAD图形文件，用户在命令行处于等待状态下，输入并执行OPEN命令。

⊚ 命令格式

OPEN

实例1　打开图形文件　　　　　　　AutoCAD 2013/2012/2011/2010 ⊚

在命令行处于等待的状态下，输入【OPEN】命令系统将打开【选择文件】对话框，如图1-6所示。

图1-6

命令5 输入文件

⊚ 命令功能

需要输入其他文件时，输入【输入文件】命令语句IMPORT，然后按下空格键进行确定。

命令格式

IMPORT

实例1　输入文件　　　　　　　　AutoCAD 2013/2012/2011/2010

在命令行处于等待的状态下，输入【IMPORT】命令系统将打开【输入文件】对话框，然后在文件类型列表中选择要导入的文件类型，最后进行确认即可，如图1-7所示。

图1-7

命令6 **输出文件**

命令功能

在AutoCAD中，用户可以将AutoCAD文件输出为其他格式的文件，以适合其他程序软件中的编辑需要。输入【输出文件】命令语句EXPORT，然后按下空格键进行确定。

命令格式

EXPORT

实例1　输出文件　　　　　　　　AutoCAD 2013/2012/2011/2010

在命令行处于等待的状态下，输入【EXPORT】命令系统将打开

【输出数据】对话框，然后在该对话框中即可将图形以指定的格式输出，如图1-8所示。

图1-8

命令7　关闭图形文件

◉ 命令功能

如果只是想关闭当前打开的文件，而不退出AutoCAD程序，可以输入【关闭文件】命令语句CLOSE，然后按下空格键进行确定，即可关闭当前的文件。

◉ 命令格式

CLOSE

实例1　关闭图形文件　　　AutoCAD 2013/2012/2011/2010

在命令行处于等待的状态下，输入【CLOSE】命令，即可关闭当前的文件，如图1-9所示。

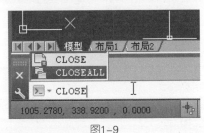

图1-9

命令8 退出AutoCAD

命令功能

如果要结束AutoCAD的工作，可以输入【退出程序】命令语句EXIT，然后按下空格键进行确定，即可退出AutoCAD应用程序。

命令格式

EXIT

实例1 退出AutoCAD
AutoCAD 2013/2012/2011/2010

在命令行输入【EXIT】命令后按下空格键即可退出系统。

除了输入【EXIT】命令退出系统的方法外，也可直接点击右上角的关闭(X)按钮，如图1-10所示。

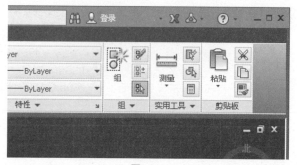

图1-10

第 2 章

对象选择操作

正确、快捷地选择目标对象，是对图形进行编辑的基础。AutoCAD提供的选择方式有如下几种：使用鼠标直接选择、窗口选择、交叉选择、快速选择及其他选择等多种方式。

命令1 直接选择对象

命令功能

使用鼠标单击对象，即可将其选中，被选中的目标将呈虚线显示。

实例1　直接选择对象　　　　　　　　AutoCAD 2013/2012/2011/2010

❶ 用鼠标单击对象，即可选中，如图2-1所示。

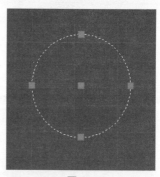

图2-1

❷ 在编辑过程中，当用户选择要编辑的对象时，十字光标变为拾取框形状，将拾取框移至要编辑的目标上，单击鼠标左键，即可选中对象，如图2-2所示。

图2-2

命令2 窗口选择对象

命令功能

窗口选择对象的命令是WINDOW【W】，在命令行中输入该命令后按下空格键，即可执行该命令。

◎ 命令格式

WINDOW/W

实例1　窗口选择对象　　　　　　AutoCAD 2013/2012/2011/2010

❶ 输入W按下空格键，启动窗口选择方式，在绘图确定要选择的第一个点选定选取范围，如图2-3所示。

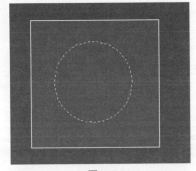

图2-3

❷ 确定后如图2-4所示。

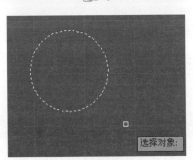

选择对象:

图2-4

命令3 交叉选择对象

◎ 命令功能

交叉选择的命令是CROSSING【C】，在编辑图形的过程中，输入该命令后按下空格键，即可执行该命令。使用交叉选择的操作方法与窗口的操作方法正好相反，是使用鼠标在绘图区自右到左拉出一个矩形。

◎ 命令格式

CROSSING/C

第1章

第2章

第3章

第4章

第5章

实例1　交叉选择对象

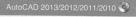

在使用交叉选择【C】方式选择目标时，拉出的矩形方框呈虚线显示，如图2-5所示。

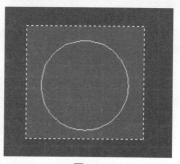

图2-5

命令4　快速选择对象

命令功能

输入QSELECT命令后按下空格键，即可启动【快速选择】命令。

命令格式

QSELECT

实例1　快速选择对象

在命令行输入【QSELECT】后按下空格键，即可启动【快速选择】对话框，如图2-6所示。

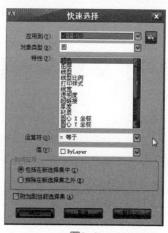

图2-6

命令5 连续选择对象

命令功能

连续选择对象的命令为MULTIPLE，该命令式在编辑图形的过程中，用于连续选择图形对象。

命令格式

MULTIPLE

命令6 栏选对象

命令功能

栏选是指在编辑图形的过程中，系统提示【选择对象】时，输入F并确定，然后单击鼠标绘制任意折线，与这些折线相交的对象都被选中。

命令格式

F

实例1 栏选择对象

AutoCAD 2013/2012/2011/2010

❶ 在命令行输入【F】后按下空格键，如图2-7所示。

选择对象：f

图2-7

第1章

第2章

第3章

第4章

第5章

② 单击鼠标绘制任意折线，与这些折线相交的对象都被选中，如图2-8所示。

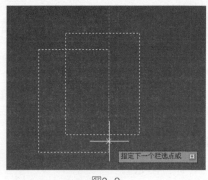

图2-8

命令7 选择命令

⊛ 命令功能

选择命令为SELECT，该命令用于在系统中选取对象，输入并执行命令后，系统将提示"要点或窗口(W)/上一个(L)/窗交(C)0/框(BOX)/全部(ALL)/栏选(F)/圈围(WP)/圈交(CP)/编组(G)/添加(A)/删除(R)/多个(M)/前一个(P)/放弃(U)/自动(AU)/单个(SI)/子对象(SU)/对象(O)"。

⊛ 命令格式

SELECT

实例1 执行选择命令   AutoCAD 2013/2012/2011/2010

在命令行输入【SELECT】后按下空格键，然后输入【？】按Enter键，系统将提示"需要点或窗口(W)/上一个(L)/窗交(C)/框(BOX)/全部(ALL)/栏选(F)/圈围(WP)/圈交(CP)/编组(G)/添加(A)/删除(R)/多个(M)/前一个(P)/放弃(U)/自动(AU)/单个(SI)/子对象(SU)/对象(O)"，如图2-9所示。

图2-9

实例2　圈围对象

① 输入并执行SELECT命令后，选择"圈围(WP)"选项，即进入圈围对象方式，系统将提示"第一圈围点"，如图2-10所示。

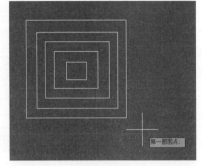

图2-10

② 在绘图区直接用鼠标点击需要圈围的范围，系统将提示"指定直线的端点或"，如图2-11所示。

图2-11

③ 完成圈围的范围后，按空格键确定，即可完成圈围对象，圈围中的图形将以虚线显示，如图2-12所示。

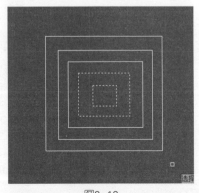

图2-12

第1章

第2章

第3章

第4章

第5章

实例3　圈交对象

❶ 输入并执行SELECT命令后，选择"圈交(CP)"选项，即进入圈交对象方式，系统将提示"第一圈围点"，如图2-13所示。

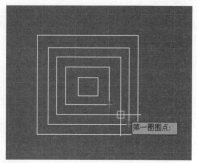

图2-13

❷ 在绘图区直接用鼠标点击需要圈围的范围，系统将提示"指定直线的端点或"，如图2-14所示。

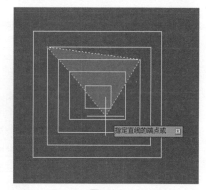

图2-14

❸ 完成圈交的范围后，按空格键确定，即可完成圈交对象，与选取框相交的图形将都被选中，如图2-15所示。

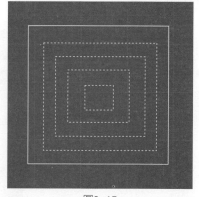

图2-15

实例4 加选对象

AutoCAD 2013/2012/2011/2010

① 输入并执行SELECT命令后，选择"添加(A)"选项或直接用鼠标选择未选择的对象，如图2-16所示。

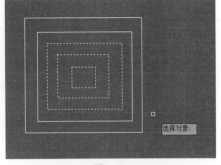

图2-16

② 即可完成对图形的加选操作，效果如图2-17所示。

图2-17

实例5 减选对象

AutoCAD 2013/2012/2011/2010

① 输入并执行SELECT命令后，选择"删除(R)"选项或按住Shift键，用鼠标选择已经选择的对象，如图2-18所示。

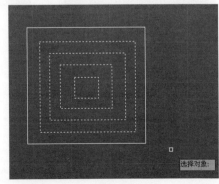

图2-18

2 即可完成对图形的减选操作，效果如图2-19所示。

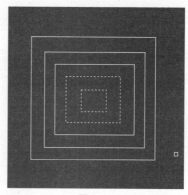

图2-19

实例6 取消选择
AutoCAD 2013/2012/2011/2010

输入并执行SELECT命令后，选择"放弃(U)"选项或按Esc键即可取消所选择的对象，未取消前的效果如图2-20所示，取消后效果如图2-21所示。

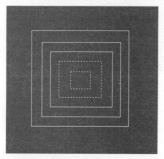

图2-20

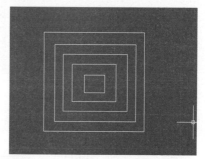

图2-21

命令8 坐标系统

命令功能

在绘图过程中常常需要使用某个坐标系作为参照，拾取点的位置，来精确定位某个对象。AutoCAD提供的坐标系可以用来准确地设计并绘制图形。

实例1　坐标系统的分类　　　AutoCAD 2013/2012/2011/2010

　　在AutoCAD中，坐标系可以分为世界坐标系（如图2-22所示）和用户坐标系（如图2-23所示）两种。世界坐标系是AutoCAD默认的坐标系，该坐标系沿用笛卡尔坐标系的习惯，沿x轴正方向向右为水平距离增加的方向，沿y轴正方向向上为竖直距离增加的方向，垂直于xy平面，沿z轴方向从所视方向向外为z轴距离增加的方向。

　　该坐标系是遵循右手定则，并且该坐标系重要之处在于世界坐标总是存在于一个设计图形之中，并且不可更改。

　　用户坐标系是相对世界坐标系而言的，该坐标系可以创建无限多的坐标系，并且可以沿着指定位置移动或旋转，这些坐标系通常称为用户坐标系（UCS）。

图2-22

图2-23

实例2　绝对直角坐标　　　AutoCAD 2013/2012/2011/2010

　　绝对直角坐标是指相对于坐标原点的坐标，可以使用分数、小数或科学计数等形式表示点的x、y、z坐标值，坐标中间用逗号隔开。

　　a点的绝对直角坐标为（3，2），b点的绝对直角坐标为（8，6），如图2-24所示。

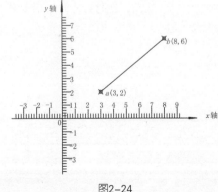

图2-24

第1章

第2章

第3章

第4章

第5章

实例3　相对直角坐标
AutoCAD 2013/2012/2011/2010

　　相对直角坐标是基于上一个输入点而言，以某点相对于另一特定点的相对位置来定义该点的位置。相对特定坐标点（x、y、z）增量为（nx、ny、nz）的坐标点的输入格式为@ nx、ny、nz。相对坐标输入格式为（@x、y），@字符表示使用相对坐标输入。

　　例如点c相对于a点的相对直角坐标为（@4，5），如图2-25所示。

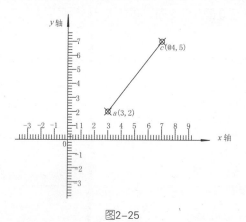

图2-25

实例4　绝对极坐标
AutoCAD 2013/2012/2011/2010

　　绝对极坐标系是由一个极点和一根极轴构成，极轴的方向为水平向右，平面上任何一点P都可以由该点到极点连线长度L（>0）和连线与极轴的夹角α（极角，逆时针方向为正）来定义，即用一对坐标值（$L<a$）来定义一个点，其中"<"表示角度，如图2-26所示。

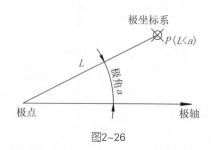

图2-26

第 3 章

图形显示控制

在AutoCAD中，用户除了可以使用鼠标中键对视图进行缩放和平移操作外，还可以使用命令语句进行缩放和平移的控制，也可以使用命令语句进行重画与重生成图形的操作。

命令1 缩放视图

⊙ 命令功能

输入并执行【缩放视图】命令ZOOM【Z】，可以对视图进行放大或缩小操作，以改变图形的显示大小，方便用户进行图形的观察。

⊙ 命令格式

ZOOM /Z

实例1 缩放视图
AutoCAD 2013/2012/2011/2010

1 输入Z按下空格键，系统会执行缩放图形命令，如图3-1所示。

图3-1

2 对图形进行放大或缩小，改变图形显示大小，如图3-2所示。

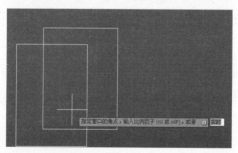

图3-2

命令2 平移视图

⊙ 命令功能

平移视图是指对视图中图形的显示位置进行相应的移动，移动前后视图只是改变图形在视图中的位置，而不会发生大小的变化。

命令格式

PAN/P

实例1 平移视图

AutoCAD 2013/2012/2011/2010

输入P按下空格键，系统会执行平移图形命令，如图3-3所示。

图3-3

命令3 全屏显示视图

命令功能

输入并执行【全屏显示】命令CLEANSCREENON，屏幕上将清除工具栏和可固定窗口（命令行除外）屏幕，仅显示菜单栏、【模型】选项卡和布局选项卡、状态栏和命令行。

命令格式

CLEANSCREENON

实例1 平移视图

AutoCAD 2013/2012/2011/2010

输入【CLEANSCREENON】命令按下空格键，系统会全屏显示图形，如图3-4所示。

图3-4

命令4 重画图形

◎ 命令功能

图形中某一图层被打开\关闭或者栅格被关闭后，系统自动对图形刷新并重新显示，栅格的密度会影响刷新的速度。

输入并执行【重画】命令REDRAW，可以重新显示当前视图窗中的图形，消除残留的标点痕迹，使图形变得清晰，而REDRAW ALL命令可对所有视窗中的图形进行重新显示。

◎ 命令格式

REDRAW

命令5 重生成图形

◎ 命令功能

输入并执行【重生成】命令REGEN，能将当前活动视窗所有对象的有关几何数据及几何特性重新计算一次（即重生）。此外，用OPEN命令打开图形时，系统会自动重生视图，ZOOM命令的【全部】、【范围】选项也可自动重生视图。被冻结的图层上的实体不参与计算。

> **专家提示**
>
> 在视图重生计算过程中，用户可用Esc键中断操作，而使REGENALL命令可对所有视窗中的图形进行重新计算。与REDRAW命令相比。REGEN命令刷新显示比较慢，而REDRAW命令不需要对图形进行重新计算和重复。

第 4 章

AutoCAD 辅助功能

　　AutoCAD主要用于绘制各种工程图形，如果只是靠简单的绘图命令绘制出大量的复杂图形是十分困难的，AutoCAD提供了许多辅助功能，可以大大方便绘图的操作，从而达到提高工作效率的目的。

命令1 捕捉对象的设置

◎ 命令功能

输入并执行【捕捉对象设置（SE）】命令，将打开【草图设置】对话框，在该对话框的【对象捕捉】选项卡中，可以根据实际需要选择相应的捕捉选项，进行对象特殊点的捕捉设置。

◎ 命令格式

SE

实例1　捕捉对象　　　　　　AutoCAD 2013/2012/2011/2010 ◎

在命令行处于等待的状态下，输入【SE】命令将打开【草图设置】对话框，如图4-1所示。

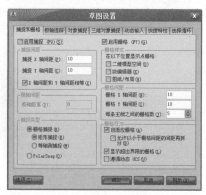

图4-1

命令2 常用的捕捉对象快捷命令

◎ 命令功能

用户除了可以在【草图设置】对话框的【对象捕捉】选项卡中设置捕捉对象的方式外，也可以直接执行捕捉对象的快捷命令来选择捕捉对象的方式。用户需要熟记常用的捕捉对象的快捷命令，从而方便在日常工作中灵活应用。

- 捕捉中点【MID】：在绘制或编辑图形的过程中，输入并执行【MID】快捷命令，将自动捕捉图形的中点。
- 捕捉垂足【PER】：在绘制或编辑图形的过程中，输入并执行【PER】快捷命令，将自动捕捉图形的垂足。
- 捕捉圆心【CEN】：在绘制或编辑图形的过程中，输入并执行【CEN】快捷命令，将自动捕捉图形的圆心。
- 捕捉切点【TAN】：在绘制或编辑图形的过程中，输入并执行【TAN】快捷命令，将自动捕捉图形的切点。

◎ 命令格式

MID / PER / CEN / TAN

实例1　捕捉中点　　AutoCAD 2013/2012/2011/2010

在绘制或编辑图形的过程中，输入并执行【MID】快捷命令，将自动捕捉图形的中点，如图4-2所示。

图4-2

实例2　捕捉垂足　　AutoCAD 2013/2012/2011/2010

在绘制或编辑图形的过程中，输入并执行【PER】快捷命令，将自动捕捉图形的垂足，如图4-3所示。

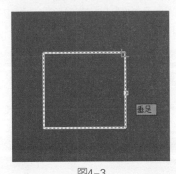

图4-3

第1章

第2章

第3章

第4章

第5章

实例3 捕捉圆心

在绘制或编辑图形的过程中，输入并执行【CEN】快捷命令，将自动捕捉图形的圆心，如图4-3所示。

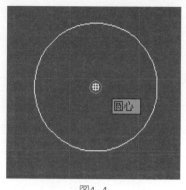

图4-4

命令3 开关栅格

命令功能

开关栅格的快捷键很少被使用，通常情况下，栅格是处于关闭状态中，按下快捷键F7打开栅格功能后，将在绘图区显示栅格。

命令格式

F7

实例1 开关栅格

❶ 在绘制或编辑图形的过程中，按下F7将打开栅格，重复按F7将关闭栅格，如图4-5所示。

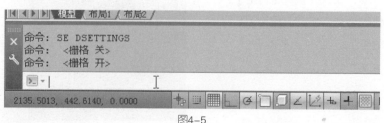

图4-5

2 栅格开的效果，如图4-6所示。

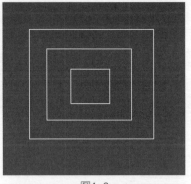

图4-6

3 栅格关的效果，如图4-7所示。

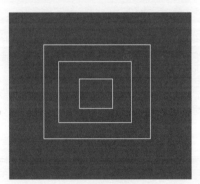

图4-7

实例2　使用栅格绘制电气图例 　AutoCAD 2013/2012/2011/2010

1 单击【绘图】工具栏中的【矩形】按钮，绘制矩形，如图4-8所示。

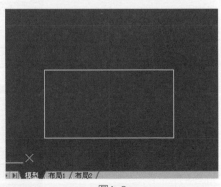

图4-8

❷ 单击【绘图】工具栏中的【直线】按钮，绘制直线，如图4-9所示。

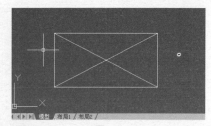

图4-9

命令4 开关正交功能

🔘 命令功能

按下快捷键F8，可以在打开或关闭正交功能之间进行切换。当打开正交功能后，绘制直线、移动或复制图形等操作时，就只能沿水平或垂直方向进行操作。

🔘 命令格式

F8

实例1 开关栅格　　AutoCAD 2013/2012/2011/2010

在绘制或编辑图形的过程中，按下F8键可以切换正交开关功能，如图4-10所示。

图4-10

实例2 使用正交绘制阶梯　　AutoCAD 2013/2012/2011/2010

❶ 按下F8键打开正交模式，在【绘图】工具栏中选择【直线】选项在绘图区单击鼠标左键选择指定点，如图4-11所示。

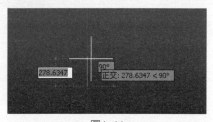

图4-11

2 向上移动鼠标选择指定的距离按下空格键确定，如图4-12所示。

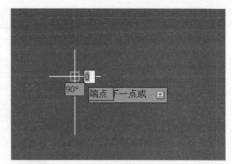

图4-12

3 然后向右移动指定距离按下空格继续确定，如图4-13所示。

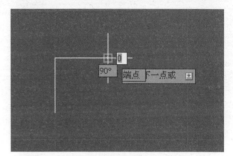

图4-13

4 继续按照以上步骤选择阶梯的指定点，如图4-14所示。

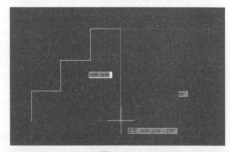

图4-14

5 完成阶梯的绘制后移动鼠标连接到起点，如图4-15所示。

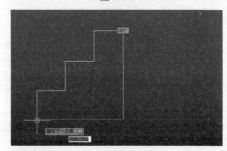

图4-15

第1章　第2章　第3章　第4章　第5章

6 然后单击鼠标左键确定，按下空格键结束绘制，绘制阶梯的效果，如图4-16所示。

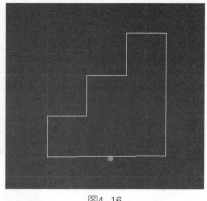

图4-16

命令5 开关捕捉功能

命令功能

按下快捷键F9，可以在打开或关闭捕捉功能之间进行切换。在通常情况下，捕捉功能处于关闭状态，如果打开该功能，鼠标的移动将是以水平或垂直方向，或是按指定方式进行跳跃式移动，对于普通用户而言，这种操作十分不方便，所以建议在绘图操作中，关闭该功能。

命令格式

F9

实例1 开关捕捉   AutoCAD 2013/2012/2011/2010

在绘制或编辑图形的过程中，按下F9可以切换捕捉功能，如图4-17所示。

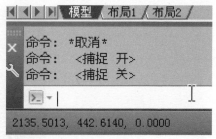

图4-17

命令6 开关捕捉对象功能

◎ 命令功能

按下快捷键F3，可以在打开或关闭捕捉对象功能之间进行切换。当打开捕捉对象功能后，绘制或编辑图形时，就可以捕捉到相关的端点、中点、圆心等，如果关闭捕捉对象功能，绘制或编辑图形时就寻找不到任何可以供参考的相关点。

◎ 命令格式

F3

实例1 使用对象捕捉快捷菜单 AutoCAD 2013/2012/2011/2010

当要求指定点时，按住Shift或Ctrl键，然后在绘图区任意一点右击鼠标，打开【对象捕捉快捷】菜单，如图4-18所示。

图4-18

1 单击【绘图】工具栏中的【正多边形】按钮，绘制一个外切于圆的正多边形，如图4-19所示。

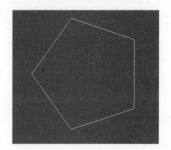

图4-19

2 单击【绘图】工具栏中的【直线】按钮，然后启动【对象捕捉】功能，捕捉正多边形的端点绘制直线，如图4-20所示。

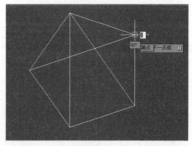

图4-20

3 选取正多边形，点击鼠标右键选择【删除】按钮，如图4-21所示。即可得到五角星的平面图，效果如图4-22所示。

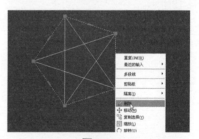

图4-21

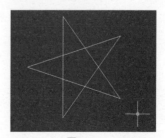

图4-22

第 5 章

图层的应用

图层是用于在图形中组织对象信息，以及执行对象线型、颜色以及其他属性。可以使用图层控制对象的可见性，还可以使用图层将特性指定给对象。可以锁定图层以防止对象修改。一个图层就如一张透明的图纸，将各个图层上的画面重叠在一起即可成为一个完整的图纸。

命令1 管理图层

命令功能

为了便于进行绘图的操作管理，一般在绘制图形的过程中，应该先将线型、颜色、线宽等相同对象放在同一个图层上。因此，在绘图之前通常需要创建一个相应的新图层，以便在绘图过程中能够对图层进行灵活管理。

管理图层的操作通常是在【图层特性管理器】对话框中进行的，输入并执行【LAYER(LA)】命令，将打开【图层特性管理器】对话框，在该对话框中可以进行创建新图层，设置图层的颜色、线型、线宽等操作。

命令格式

LAYER /LA

实例1 打开图层管理器 AutoCAD 2013/2012/2011/2010

在命令行处于等待的状态下，输入【LAYER】命令将打开【图层特性管理器】对话框，如图5-1所示。

图5-1

实例2 创建图层 AutoCAD 2013/2012/2011/2010

在【图层特性管理器】对话框上方单击【新建图层】按钮，即可在图层设置区中新建一个图层，图层默认名为【图层1】，如图5-2所示。

图5-2

实例3 修改图层名称

AutoCAD 2013/2012/2011/2010

❶ 在【图层特性管理器】对话框中选中要修改的图层名的图层，在该图层的名称上单击一下，图层名称变成激活状态。

❷ 输入新的图层名，然后按下【Enter】键进行确认即可，如图5-3所示。

图5-3

实例4 修改图层颜色

AutoCAD 2013/2012/2011/2010

❶ 在【图层特性管理器】对话框中选中单击【颜色】对象，打开【选择颜色】对话框，选好颜色，如图5-4所示。

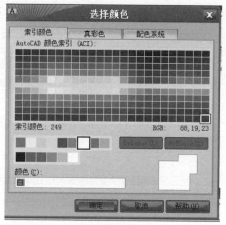

图5-4

② 单击对话框上的【确认】按钮，即可将图层颜色设置为选中的颜色，如图5-5所示。

图5-5

实例5　修改图层线型　　　　　　AutoCAD 2013/2012/2011/2010

① 在【图层特性管理器】对话框中选中单击【线型】对象，打开【选择线型】对话框，如图5-6所示。

② 单击对话框上的【加载】按钮，打开【加载或重载线型】对话框，在该对话框中选择需要加载的线型，然后单击【确认】按钮，如图5-7所示。

图5-6

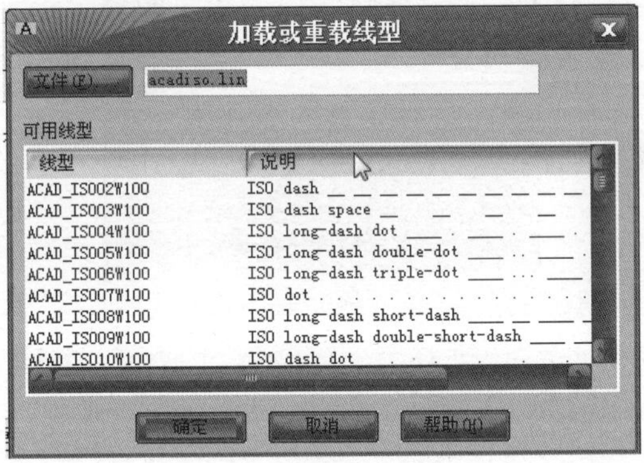

图5-7

③ 将其加载到【选择线型】对话框中，在【选择线型】对话框中选择需要的线型，然后单击【确认】按钮即可完成线型的设置，如图5-8所示。

图5-8

实例6 修改图层线宽
AutoCAD 2013/2012/2011/2010

❶ 在【图层特性管理器】对话框中选中单击【线宽】对象，打开【线宽】对话框，如图5-9所示。

图5-9

❷ 选择需要的线宽，然后单击【确认】按钮，即可完成线宽的设置，如图5-10所示。

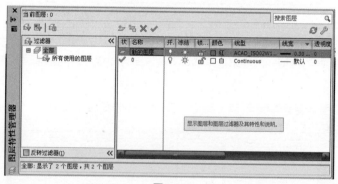

图5-10

实例7 设置当前图层
AutoCAD 2013/2012/2011/2010

❶ 在【图层特性管理器】对话框中选择需要设置为当前图层的图层，然后单击【设置当前】（√）按钮，如图5-11所示。

图5-11

实例8　删除图层　　　　AutoCAD 2013/2012/2011/2010

在【图层特性管理器】对话框中选定要删除的图层，然后单击【删除】（x）按钮，即可将选择图层删除，如图5-12所示。

图5-12

专家提示

> 在删除图层的操作中，0层、默认层、当前层、含有图形实体的层和外部引用依赖层都不能被删除。若对这些图层执行了删除操作，系统会弹出提示不能删除的警告对话框。

命令2　控制图层

🔘 命令功能

在AutoCAD中绘制过于复杂的图形时，将暂时不用的图层进行关闭或冻结等处理，可以方便地进行绘制操作。

实例1　打开/关闭图层　　AutoCAD 2013/2012/2011/2010

在绘制复杂的图形时，可以将某些图层中的对象暂时隐藏起来。隐藏图层中的图形将不能被选择、编辑、修改、打印。默认情况下，0图层和创建图层都处于打开状态。

在【图层特性管理器】对话框中单击要关闭的图层前面的灯泡图标，图层前面的灯泡图标变黑，表示该图层已经关闭，如图5-13所示。

图5-13

实例2　冻结/解冻图层　　AutoCAD 2013/2012/2011/2010

将图层中不需要进行修改的对象进行冻结处理，可以避免这些图层受到错误的操作的影响。另外，冻结图层可以在绘图过程中减少系统生成图形的时间，从而提高计算机的速度，因此在绘制复杂的图形时，冻结图层非常重要。被冻结的图层对象将不能被选择、编辑、修改、打印。

在【图层特性管理器】对话框中选择要冻结的图层，单击该图层前面的【冻结】（☼）图标，使（☼）图标转变为（❋）图标，如图5-14所示。

图5-14

实例3 解锁/锁定图层 AutoCAD 2013/2012/2011/2010

锁定图层可以将图层中的对象锁定。锁定图层后，图层上的对象仍然处于显示状态，但是用户无法对其进行选择、编辑和修改等操作。在默认情况下，0图层和创建的图层都处于解锁状态。

❶ 在【图层特性管理器】对话框中选择要锁定的图层，单击该图层前面的【锁定】图标，使图标由打开变为锁定形状，如图5-15所示。

❷ 解锁图层的操作与锁定图层的操作相似。当图层被锁定后，在【图层特性管理器】对话框中单击图层前面的【锁定】图标，使图标由锁定状态变为打开状态，即可解开被锁定的图层。

图5-15

综合应用实例 图层管理

运用本章图层的知识对如图5-16所示的图形进行创建图层、设置图层等图层管理的操作。

❶ 在【图层】工具栏中单击【图层特性】按钮，如图5-17所示。

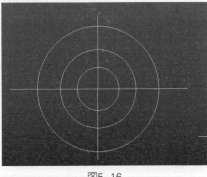

图5-16

图5-17

❷ 在打开的【图层特性管理器】对话框中单击【新建】按钮，然后创建一个名为【点划线】的图层，如图5-18所示。

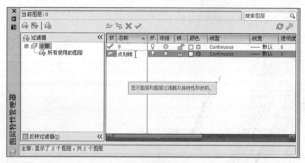

图5-18

❸ 单击【点划线】图层的颜色图标，在打开的【选择颜色】对话框中设置的颜色为红色，如图5-19所示。

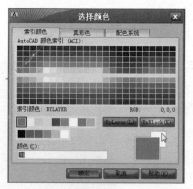

图5-19

❹ 单击【点划线】图层的线型图标，打开【选择线型】对话框，如图5-20所示。

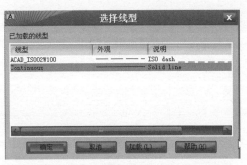

图5-20

⑤ 单击【加载】按钮，在打开的【加载或重载线型】对话框中选择【ACAD-ISO08W100】线型，如图5-21所示。

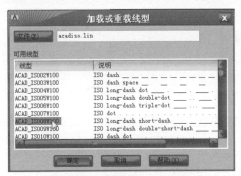

图5-21

⑥ 将选择的线型指定给【点划线】图层，如图5-22所示。

图5-22

⑦ 创建一个名为【轮廓线】的图层，然后将【轮廓线】图层的颜色设置为白色，设置线型为【Continuous】，如图5-23所示。

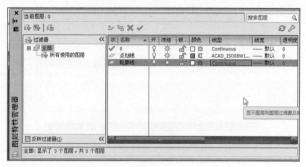

图5-23

⑧ 单击【轮廓线】图层的线宽图标，在【线宽】对话框中设置【轮廓线】图层的线宽为0.3mm，然后单击"确定"按钮，如图5-24所示。

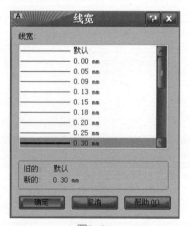

图5-24

⑨ 使用同样的方法，创建其他的图层，如图5-25所示。

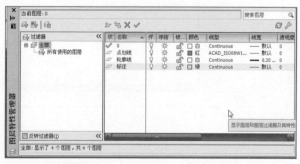

图5-25

⑩ 在图形中选择所有轮廓线，如图5-26所示。

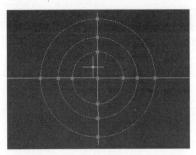

图5-26

⑪ 然后在【图层】面板中单击【图层】下拉按钮，在下拉表框中选择【轮廓线】图层，如图5-27所示。

图5-27

⑫ 更改图形后的效果，如图5-28所示。

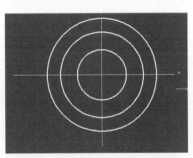

图5-28

⑬ 然后参照图5-25所示的效果，将各部分图形放入对应的图层中，完成图层的管理，如图5-29所示。

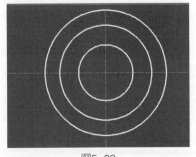

图5-29

第6章

直线命令

在AutoCAD中，"直线"命令的操作简单，但是在AutoCAD中要绘制精确的图形却不是那么简单，因为直线绘制选项比较多，有绝对坐标绘制法、相对坐标绘制法，还有极坐标绘制法。因此要想精确、快速地绘制一个直线图形，这些绘制方法都应该熟练掌握。

命令1 直线命令

◉ 命令功能

绘制直线段的命令是LINE【L】，该命令是最基本、最简单的直线型绘图命令。在命令行处于等待的状态下，输入并执行LINE（L）命令，可以通过鼠标或者键盘来指定线段的起点和终点。

当使用LINE命令连续绘制线段时，上一个线段的终点将直接作为下一个线段的起点，如此循环直到按空格键或Esc键撤销命令为止。在绘图过程中，如果绘制了错误的线段，这时可以在提示行中输入UNDO（U）命令将其取消，然后再重新执行下一步绘制操作。

◉ 命令格式

LINE/L

实例1　绘制图形　　　　　　　AutoCAD 2013/2012/2011/2010

在使用LINE命令绘图过程中，如果绘制了多条线段，系统将提示"指定下一点或[闭合（C）/放弃（U）]："。

在绘制多条线段后，如果在命令行中输入C并按空格键，则最后一个端点将于第一条线段的起点重合，从而组成一个封闭图形，如图6-1所示。

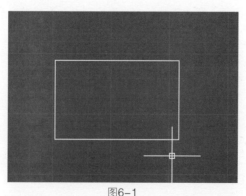

图6-1

第 7 章

圆命令

　　圆是绘图中很常见的一种图形对象，在机械制图领域中，圆通常用来表示洞和车轮；在建筑制图中，圆又用来表示门拉手、垃圾篓、树木；而在电气和管道图纸中，圆可以表示各种符号。

命令1 圆命令

命令功能

绘制圆形的命令语句是CIRCLE【C】，在默认状态下，圆形的绘制方式是先确定圆心，再确定半径。启动圆命令后，系统将提示"指定圆的圆心或[三点(3P)/两点(2P)/切点、切点、半径(T)]："，在指定圆心或选择某种绘制圆方式后，将继续提示"指定圆的半径或[直径(D)] < 当前值 > ："，其中常用选项的含义解释如下。

- 三点（3P）：通过在绘图区内确定三个点来确定圆的位置与大小。输入【3P】后，系统分别提示：指定圆上的第一点、第二点、第三点。

- 两点（2P）：通过确定圆的直径的两个端点绘制圆。输入【2P】后，命令行分别提示：圆的直径的第一端点和第二端点。

- 切点、切点、半径（T）：通过两条切线和半径绘制圆，输入【T】后，系统分别提示指定圆的第一切线和第二切线上的点以及圆的半径。

命令格式

CIRCLE/C

实例1　直接绘制圆形

AutoCAD 2013/2012/2011/2010

例如，绘制一个半径为60的圆，其操作步骤如下。

❶ 输入并执行【圆（C）】命令，当系统提示"指定圆的圆心或[三点(3P)/两点(2P)/切点、切点(T)]："时，在绘图区单击鼠标指定圆心的位置，如图7-1所示。

❷ 当系统提示"指定圆的半径或[直径（D）]<当前>："时，输入圆的半径为60，如图7-2所示，然后按下空格键进行确定，绘制圆如图7-3所示。

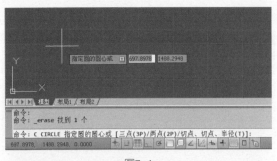

图7-1

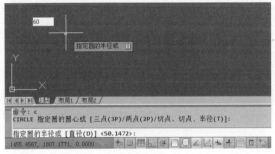

图7-2

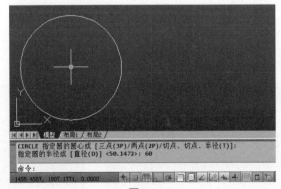

图7-3

实例2　通过两点绘制圆形　　AutoCAD 2013/2012/2011/2010

例如，通过直线上的两点绘制一个圆，其操作步骤如下。

❶ 输入并执行【圆（C）】命令，当系统提示"指定圆的圆心或
[三点(3P)/两点(2P)/切点、切点、半径(T)]："时，输入2P并确定，如

图7-4所示。

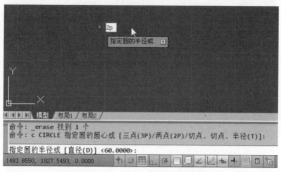

图7-4

② 当系统提示"指定圆直径的第一个端点"时，指定圆直径的第一个点，如图7-5所示。

图7-5

③ 当系统提示"指定圆直径的第二个端点"时，指定圆直径的第二个点，如图7-6所示，绘制圆形的效果如图7-7所示。

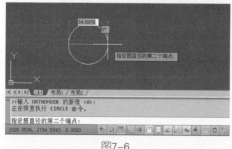

图7-6

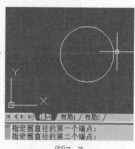
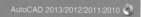

图7-7

实例3　通过三点绘制圆形

AutoCAD 2013/2012/2011/2010

例如，通过三角形的三个顶点绘制一个圆，其操作步骤如下。

❶ 输入并执行【圆（C）】命令；当系统提示"指定圆的圆心或 [三点(3P)/两点(2P)/切点、切点、半径(T)]："时，输入3P并确定，如图7-8所示。

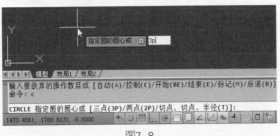

图7-8

❷ 当系统提示"指定圆直径的第一个点"时，捕捉三角形的第一个顶点，如图7-9所示，然后捕捉三角形的第二个点，如图7-10所示。

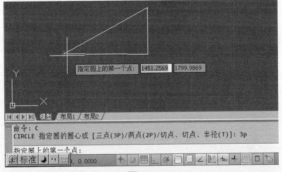

图7-9

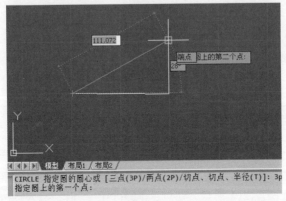

图7-10

❸ 当系统提示"指定圆直径的第三个点"时，继续捕捉三角形的第三个点，如图7-11所示，完成圆形的效果如图7-12所示。

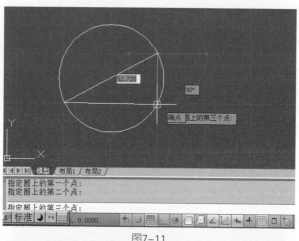

图7-11

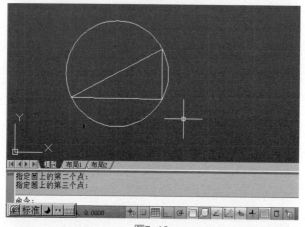

图7-12

实例4 通过切点和半径绘制圆形 AutoCAD 2013/2012/2011/2010

例如，通过两条直线上的一个切点绘制一个圆，其操作步骤如下。

❶ 输入并执行【圆（C）】命令，当系统提示"指定圆的圆心或[三点(3P)/两点(2P)/切点、切点、半径(T)]："时，输入T并确定，如

图7-13所示。

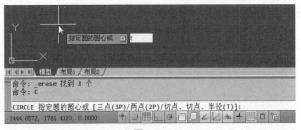

图7-13

❷ 当系统提示"指定对象与圆的第一个切点："时，指定对象的
第一个位置，如图7-14所示。

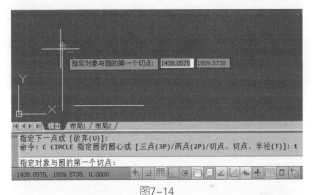

图7-14

❸ 当系统提示"指定对象与圆的第二个切点："时，指定对象的
第二个位置，如图7-15所示。

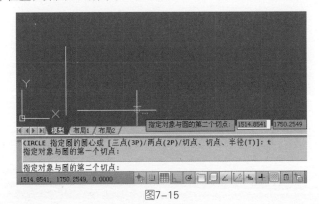

图7-15

④ 当系统提示"指定圆的半径:"时,指定圆的半径值为50,如图7-16所示,绘制效果图如图7-17所示。

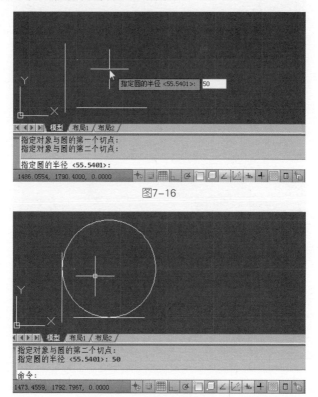

图7-16

图7-17

第 8 章

构造线命令

构造线除了可以向两个方向无限延伸这一点外，其他方面和射线非常相似。根据不同的需要，创建构造线的方法主要有水平、垂直、角度、二等分和偏移等几种方式。构造线一般作为辅助线，使用方法和射线基本相同，其绘制方法比较简单，一般根据AutoCAD的提示基本都能完成。

命令1 构造线命令

命令功能

构造线的命令语句为XLINE【XL】，输入并执行该命令可以绘制无限延伸的结构线，在建筑绘图中常用作绘制图形过程中的中轴线，如基准坐标轴。执行XLINE命令后，系统将提示"指定点或[水平（H）/垂直（V）/角度（A）/二等分（B）/偏移（O）]："，其中各选项含义如下。

- 指定点：用于指定构造线通过的一点。
- 水平（H）：用于绘制一条通过选定点的水平参照线。
- 垂直（V）：用于绘制一条通过选定点的垂直参照线。
- 角度（A）：用于以指定的角度创建一条参照线，选择该选项后，系统将提示"输入参照线角度（0）或[参照（R）]："，这时可以指定一个角度或输入R，选择【参照】选项。
- 二等分（B）：用于绘制角度的平分线。选择该选项后，系统将提示"指定角的顶点、角的起点、角的端点"，根据需要指定角的点，从而绘制出该角的角平分线。
- 偏移（O）：用于创建平行于另一个对象的参照线。

命令格式

XLINE/XL

实例1　绘制构造线　　　　　　　　　　AutoCAD 2013/2012/2011/2010

❶ 输入并执行【构造线(XL)】命令，当系统提示"XLINE指定点或 [水平（H）/垂直（V）/角度（A）/二等分（B）/偏移（O）]："时，在绘图区的任意位置单击鼠标指定构造线的第一个点，如图8-1所示。

❷ 移动鼠标指定构造线的第二个点经过的位置，如图8-2所示。

❸ 单击鼠标进行确定，当系统继续提示"指定通过点："时，按空格键确定，完成构造线的创建，如图8-3所示。

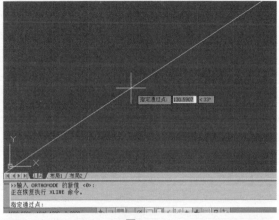

图8-1

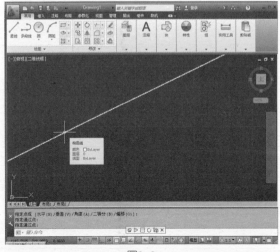

图8-2

图8-3

第 9 章

射线命令

射线是指从某一个特定的点向一个方向无限延伸。在绘图时，如果需要一条向一个方向延伸的直线，使用射线将非常简单。在绘制三视图时，经常把射线作为辅助线来确定左视图的高度和俯视图的宽度。

命令1 射线命令

命令功能

在AutoCAD中，射线经常被用作辅助线，射线命令【RAY】也是绘图中经常会使用到的命令之一，它与构造线的区别在于它只朝一个方向延伸，而构造线则是向两端进行延伸。输入并执行RAY，然后使用鼠标在绘图区随便单击指定一个点，移动鼠标即可出现一条射线。

命令格式

RAY

实例1　绘制射线

AutoCAD 2013/2012/2011/2010

❶ 输入并执行【射线(RAY)】命令，然后使用鼠标在绘图区随便单击指定一个点，移动鼠标即可出现一条射线，如图9-1所示。

❷ 然后进行确定，即可绘制指定的射线，如图9-2所示。

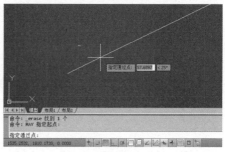

图9-1

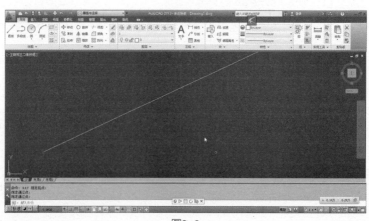

图9-2

第10章

矩形命令

利用"矩形"命令除了可以绘制一个普通的矩形外，还可以利用厚度选项来创建一个长方体。运用"矩形"命令绘制出来的矩形是一个多段线，即构成其4条边长的是一个对象，而用直线绘制出来的矩形，则是4条单独的直线对象。

命令1 矩形命令

◉ 命令功能

使用【矩形（REC）】命令，可以通过制定两个对角点的方式绘制矩形，当两个对角点形成的边长相同时，则生成正方形。执行RECTANG【REC】命令后，在命令行中提示"指定第一个角点或[倒角（C）/标高（E）/圆角（F）/厚度（T）/宽度（W）]："，其选项的解释含义如下。

- 倒角（C）：用于设置矩形的倒角距离。
- 标高（E）：用于设计矩形在三维空间中的基面高度。
- 圆角（F）：用于设置矩形的圆角半径。
- 厚度（T）：用于设置矩形的厚度，即三维空间Z轴方向的高度。
- 宽度（W）：用于设置矩形的线条粗细。

◉ 命令格式

RECTANG /REC

实例1　绘制直角矩形　　AutoCAD 2013/2012/2011/2010

绘制长为70、宽为50的直角矩形，其操作步骤如下。

① 执行【矩形(REC)】命令，当系统提示"指定第一个角点或[倒角（C）/标高（E）/圆角（F）/厚度（T）/宽度（W）]：时"，单击鼠标指定第一个角点，如图10-1所示。

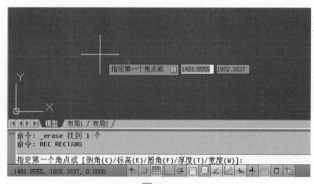

图10-1

2 拖动鼠标确定矩形的大小，或直接输入矩形另一个角点的相对坐标，如图10-2所示，然后进行确定即可创建指定大小的矩形，如图10-3所示。

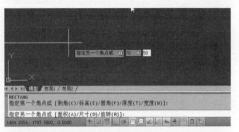

图10-2

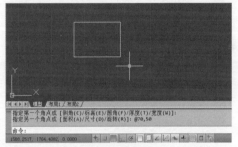

图10-3

实例2 绘制圆角矩形

AutoCAD 2013/2012/2011/2010

绘制长为70、宽为50、圆角半径为10的矩形，其操作步骤如下。

1 执行【矩形(REC)】命令，当系统提示"指定第一个角点或[倒角（C）/标高（E）/圆角（F）/厚度（T）/宽度（W）]：时"，输入F并按下空格键，以选中【圆角(F)】选项，如图10-4所示。

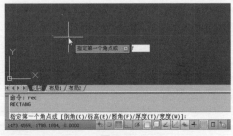

图10-4

② 当系统提示"指定矩形的圆角半径＜当前＞："时，输入矩形的圆角半径，如图10-5所示。

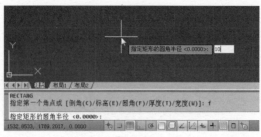

图10-5

③ 当系统提示"指定第一个角点或[倒角（C）/标高（E）/圆角（F）/厚度（T）/宽度（W）]：时"，指定矩形的第一个角点，然后指定另一个角点，如图10-6所示。

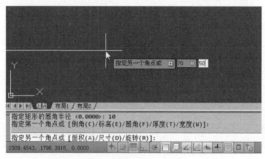

图10-6

④ 继续进行确定矩形的其他角点，完成圆角矩形的绘制，如图10-7所示。

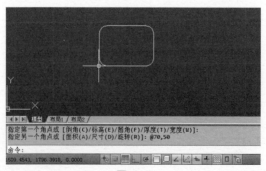

图10-7

实例3　绘制倒角矩形　　　

　　绘制长为70、宽为50、倒角1为10、倒角2为15的矩形，其操作步骤如下。

　　1 执行【矩形(REC)】命令，当系统提示"指定第一个角点或[倒角（C）/标高（E）/圆角（F）/厚度（T）/宽度（W）]：时"，输入C并按下空格键，以选中【倒角(C)】选项，如图10-8所示。

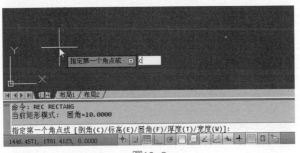

图10-8

　　2 当系统提示"指定矩形的第一个倒角距离："时，输入第一个倒角的距离，如图10-9所示。

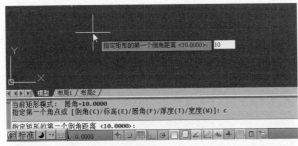

图10-9

　　3 当系统提示"指定矩形的第二个倒角距离："时，输入第二个倒角的距离，如图10-10所示。

　　4 当系统提示"指定第一个角点或[倒角（C）/标高（E）/圆角（F）/厚度（T）/宽度（W）]：时"，指定矩形的第一个角点，然后指定另一个角点，如图10-11所示。

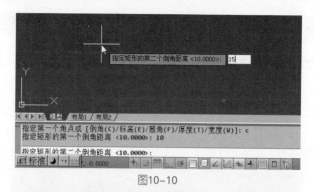

图10-10

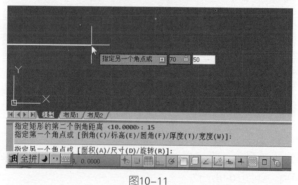

图10-11

⑤ 继续进行确定，完成倒角矩形的绘制，如图10-12所示。

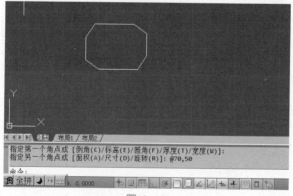

图10-12

第 *11* 章

绘制点对象

在AutoCAD中绘制点的命令，包括POINT（点）、DIVIDE（等分点）和MEASURE（定距等分点）命令。在学习绘制点的操作之前，首先需要设置好点的样式。

命令1 设置点样式

◉ 命令功能

输入并执行【DDPTYPE】命令，打开【点样式】对话框，在该对话框中可以设置多种不同的点样式，包括点的大小和形状，以满足用户绘图时的不同需要。对点样式进行更改后，在绘图区中的点对象也将发生相应的变化。【点样式】对话框中各选项的含义如下。

- 点大小：用于设置点的显示大小，可以相对于屏幕尺寸设置点的大小，也可以设置点的绝对大小。
- 相对于屏幕设置大小：用于按屏幕尺寸的百分比设置点的显示大小。当进行改变显示比例时，点的显示大小并不改变。
- 用绝对单位设置大小：使用实际单位设置点的大小。当改变显示比例时，AutoCAD显示的点大小随之改变。

◉ 命令格式

DDPTYPE

实例1 设置点样式   AutoCAD 2013/2012/2011/2010 ◉

输入并执行【DDPTYPE】命令，打开【点样式】对话框，如图11-1所示。

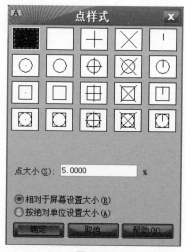

图11-1

命令2 绘制点

◎ 命令功能

在AutoCAD中，绘制点对象的操作包括绘制单点和绘制多点的操作，绘制单点和绘制多点的操作方法如下。

- 绘制单点：输入并执行POINT【PO】命令，系统将出现"指定点："的提示，用户在绘图区中单击鼠标左键指定点的位置，当在绘图区内单击鼠标左键时，即可创建一个点。

- 绘制多点：选择【绘图】/【点】/【多点】命令，或者单击【绘图】面板中的【多点】按钮，系统将出现"指定点："的提示，用户即可在绘图区单击鼠标左键创建多个点对象，直到按下Esc键才可以终止操作。

◎ 命令格式

POINT/PO

实例1 绘制单点 AutoCAD 2013/2012/2011/2010 🌑

❶ 输入并执行【POINT（PO）】命令，系统将出现"指定点："的提示，用户在绘图区中单击鼠标左键指定点的位置，当绘图区内单击鼠标左键时，即可创建一个点，如图11-2所示。

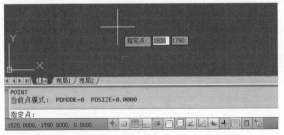

图11-2

实例2 绘制多点 AutoCAD 2013/2012/2011/2010 🌑

选择【绘图】/【点】/【多点】命令，或者单击【绘图】面板上

【多点】的按钮，系统将出现"指定点："的提示，用户即可在绘图区中单击鼠标左键创建多个点对象，直到按下Esc键才可以终止操作，如图11-3所示。

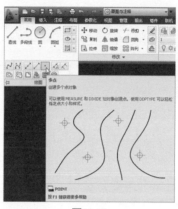

图11-3

命令3 创建定数等分点

🔘 命令功能

输入并执行DIVIDE【DIV】命令，可以在某一图形上创建等分数目点或插入图块，被等分的对象可以是直线、圆、圆弧、多段线等。在定数等分图形的过程中，用户可以指定等分数目。

执行【DIV】命令创建定数等分点时，当系统提示"选择要定数等分的对象："时，用户需要选择要等分的对象，选择后，系统将继续提示"输入线段数目或[块（B）]："此时输入等分的数目，然后按空格键结束。

🔘 命令格式

DIVIDE/DIV

实例1 创建定数等分点 AutoCAD 2013/2012/2011/2010 🔘

例如，定数等分圆形的操作如下。

① 输入并执行【DDPYYPE】命令，打开【点样式】对话框，在该对话框中设置点样式，如图11-4所示。

② 输入并执行【DIV】命令，然后选择要定数等分的圆形，如图11-5所示。

③ 当系统提示"输入线段数目或[块(B)]："时，设置等分数为5，如图11-6所示。

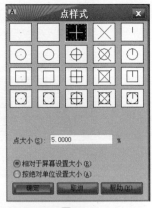

图11-4

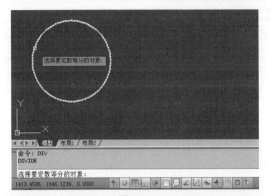

图11-5

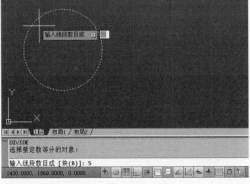

图11-6

④ 按空格键进行确定，即可将圆分成5份，如图11-7所示。

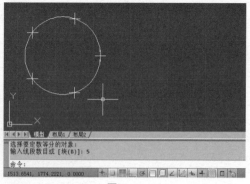

图11-7

命令4 创建定距等分点

⊙ 命令功能

除了可以将图形定数等分外，还可以将图形定距等分，即对一个对象以一定的距离进行划分。输入并执行MEASURE【ME】命令，便可以在选择的对象上创建指定距离的点或图块，将图形以指定的长度分段。

⊙ 命令格式

MEASURE/ME

实例1 创建定数等分点 AutoCAD 2013/2012/2011/2010

例如，定数等分线段的操作如下。

❶ 输入并执行【ME】命令，当系统提示"选择要定距等分的对象"时，单击选择上方线段作为要定距等分的对象，如图11-8所示。

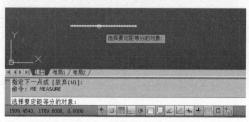

图11-8

② 当系统提示"指定线段长度或[块(B)]"时，输入要指定的长度，如图11-9所示。

图11-9

③ 按空格键进行确定，效果如图11-10所示。

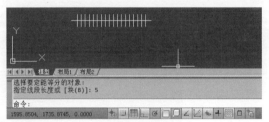

图11-10

综合应用实例 绘制灶台平面图

运用本章图层的知识利用【直线】、【圆】、【矩形】等命令绘制灶台的平面图。

① 输入并执行【REC】命令，绘制一个矩形作为灶台的轮廓，如图11-11所示。

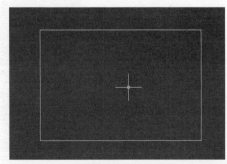

图11-11

② 输入并执行【L】命令，绘制一条直线，如图11-12所示。

图11-12

③ 输入并执行【C】命令，绘制一个圆形作为灶台的炉心，如图11-13所示。

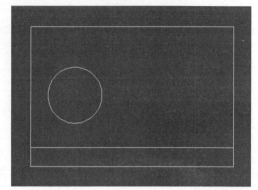

图11-13

④ 单继续输入并执行【C】命令，绘制两个圆形，如图11-14所示。

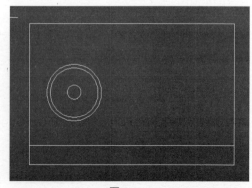

图11-14

⑤ 输入并执行【REC】命令，绘制灶台的矩形对象，如图11-15所示。

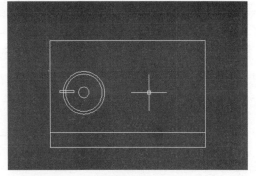

图11-15

⑥ 结合【REC】和【C】命令绘制灶台上其他的矩形和圆形，如图11-16所示。

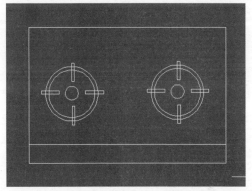

图11-16

⑦ 结合【REC】和【C】命令绘制灶台上的旋钮图形，完成效果如图11-17所示。

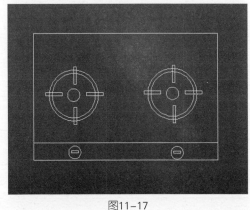

图11-17

第12章

常用的对象调整快捷命令

在绘制图形的过程中，通常会遇到绘制的图形并不在需要的位置，图形的角度并不对，或是需要绘制大量相同的图形的情况，那我们该怎么办呢？只要认真学习完本章的内容，就会觉得处理此类问题非常简单。

命令1 移动命令

命令功能

移动操作是在指定方向上按指定距离移动对象。执行【移动（MOVE）】命令，可以移动对象而不改变其方向和大小。用户可以通过使用坐标和对象捕捉方式，精确地移动对象。

命令格式

MOVE

实例1 移动图形
AutoCAD 2013/2012/2011/2010

例如，将如图12-1所示的两个圆形移动到水平位置，具体操作如下。

1️⃣ 输入并执行【M】命令，选择右边的圆形，然后进行确定，当系统提示"指定基点或[位移(D)]："时，单击鼠标指定基点位置，如图12-2所示。

图12-1

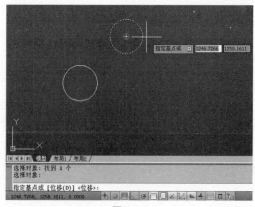

图12-2

2 当系统出现"指定第二个点或＜使用第一个点作为位移＞："提示时，移动并单击鼠标指定放置位置，如图12-3所示，完成移动效果如图12-4所示。

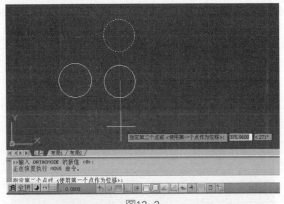

图12-3

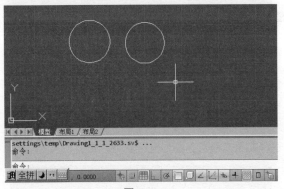

图12-4

命令2　**复制命令**

命令功能

　　在绘图过程中，经常需要绘制大量相同或相似的对象，为了在很大程度上提高绘图速度，可以采用复制功能，从而快速地创建用户需要的对象。

◉ **命令格式**

COPY/CO

实例1　复制图形 AutoCAD 2013/2012/2011/2010 ◐

使用【复制(COPY)】命令，可以为对象在指定位置创建一个或多个副本，该操作是以选定对象的某一基点将其复制到绘图区的其他位置。

❶ 输入并执行【CO】命令，选择对象，当系统提示"指定基点或[位移(D)/模式(O)]"时，指定复制基点位置，如图12-5所示。

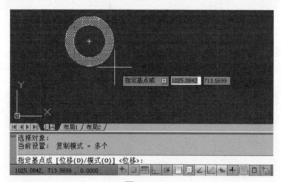

图12-5

❷ 当系统提示"指定第二个点或＜使用第一个点作为位移＞："时，指定位移的第二个点对图形进行复制，如图12-6所示。

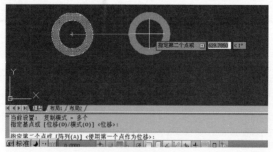

图12-6

❸ 当系统提示"指定第二个点或[退出(E)/放弃(U)]："时，按下空格键，完成图形复制，如图12-7所示。

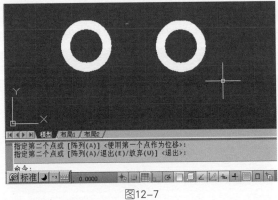

指定第二个点或 [阵列(A)] <使用第一个点作为位移>：
指定第二个点或 [阵列(A)/退出(E)/放弃(U)] <退出>：
命令：

图12-7

命令3 偏移命令

命令功能

使用【偏移(OFFSET)】命令可以将选定的图形对象以一定的距离增量值单方向复制一次。

命令格式

OFFSET/O

实例1 通过指定偏移距离偏移图形 AutoCAD 2013/2012/2011/2010

❶ 输入并执行【O】命令，系统将提示"指定偏移距离或[通过(T)/删除(E)/图层(L)]："时，此时可以直接输入偏移的距离，如图 12-8所示。

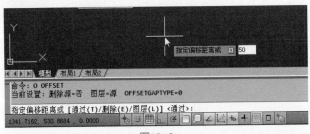

指定偏移距离或 50

命令：O OFFSET
当前设置：删除源=否 图层=源 OFFSETGAPTYPE=0

指定偏移距离或 [通过(T)/删除(E)/图层(L)] <通过>：
1341.7162, 530.8684 , 0.0000

图12-8

② 在确定偏移距离后，系统将提示"选择要偏移的对象或<退出>："，此时需要选择要偏移的对象，如图 12-9所示。

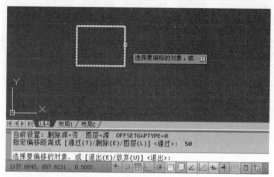

图12-9

③ 然后系统提示"指定偏移的那一侧上的点，或[退出(E)/多个(M)/放弃(U)]<退出>："，在偏移的方向上单击鼠标即可指定偏移对象的方向，完成偏移的操作，如图12-10所示。

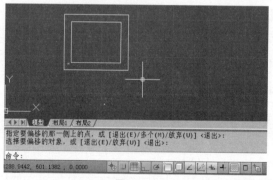

图12-10

实例2　使用【通过】方式偏移图形 AutoCAD 2013/2012/2011/2010

① 输入并执行【O】命令，系统将提示"指定偏移距离或[通过(T)/删除(E)/图层(L)]："时，输入T并按下空格键确定，如图 12-11所示。

② 系统将提示"选择要偏移的对象或<退出>："，选择要偏移的对象，如图 12-12所示。

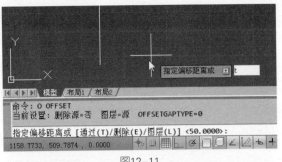

图12-11

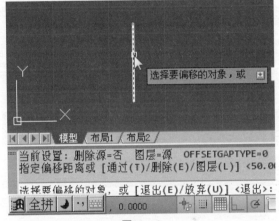

图12-12

❸ 系统提示"指定通过点，或[退出(E)/多个(M)/放弃(U)]＜退出＞："，指定偏移的对象需要通过的点，如图12-13所示。

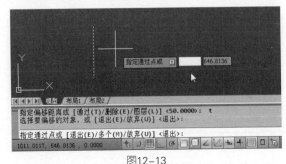

图12-13

❹ 系统将根据指定的点偏移选择的对象，如图12-14所示。

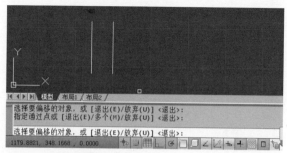

图12-14

实例3 使用【图层】方式偏移图形 AutoCAD 2013/2012/2011/2010

❶ 输入并执行【O】命令，系统将提示"指定偏移距离或[通过(T)/删除(E)/图层(L)："时，输入L并按下空格键确定，如图 12-15所示。

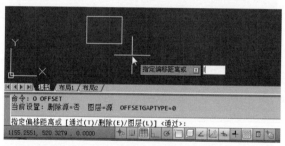

图12-15

❷ 在弹出的选择菜单中选择需要偏移到的图层，如图 12-16所示。

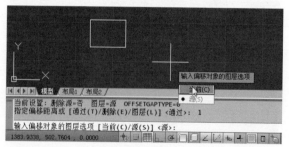

图12-16

❸ 系统提示"指定偏移距离或[通过(T)/删除(E)/图层(L)："时，

设置偏移距离，选择要偏移的对象，如图 12-17所示。

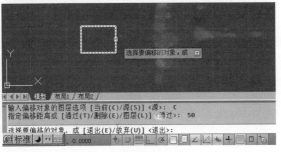

图12-17

④ 当系统提示"指定偏移的那一侧上的点，或[退出(E)/多个(M)/放弃(U)]<退出>："时，在偏移的方向上单击鼠标即可指定偏移对象的方向，偏移得到的图形将转换到当前图层中，如图12-18所示。

图12-18

命令4　镜像命令

命令功能

使用【镜像(MI)】命令可以将选定的图形对象以某一对称轴镜像到该对称轴的另一边，如果使用镜像复制功能，则可以将图形以某一对称轴进行镜像复制。

命令格式

MIRROR/MI

实例1 镜像图形

① 输入并执行【MI】命令，然后使用交叉选择方式选择图形，如图 12-19所示。

图12-19

② 在图形左下方的端点处捕捉镜像线的第一个点，如图 12-20所示。

图12-20

③ 在图形右下方的端点处捕捉镜像线的第二个点，如图 12-21所示。

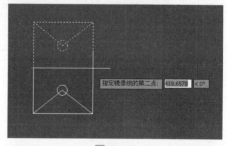

图12-21

④ 当系统提示"要删除源对象吗？[是(Y)/否(N)]："时，输入Y，如图 12-22所示。

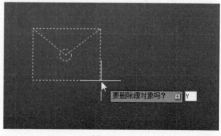

如12-22

⑤ 按下空格键确定，完成镜像图形操作，如图 12-23 所示。

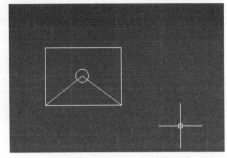

图12-23

命令5 旋转命令

◉ 命令功能

使用【旋转（ROTATE）】命令旋转图形时，是以某一点为旋转基点，将选定的图形对象旋转一定的角度。旋转命令主要用于转换图形对象的方位。

◉ 命令格式

ROTATE /RO

实例1 旋转图形
AutoCAD 2013/2012/2011/2010

① 输入并执行【RO】命令，然后选择图形，当系统提示"指定基点："时，在图形的端点处指定旋转的基点，如图 12-24所示。

② 当系统提示"指定旋转角度，或[复制(C)/参照(R)]："时，输入旋转的角度为"-60"，如图 12-25 所示。

③ 按下空格键确认，完成旋转图形操作，如图 12-26 所示。

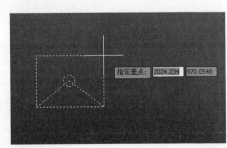

指定基点: 2024.234 970.0548

图12-24

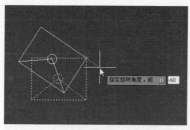

图12-25

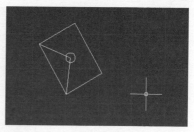

图12-26

专家提示

　　在旋转对象时，也可以直接拖动鼠标旋转，如果旋转的角度是90°的倍数，开启正交模式就可以很方便地完成旋转。

命令6　修剪命令

命令功能

　　使用【修剪（TRIM）】命令可以通过指定的边界对图形对象进行修剪。运用该命令可以修剪的对象包括直线、圆、圆弧、射线、样条曲线、面域、尺寸、文本、非封闭的2D或3D多段线等对象；作为修剪的边界可以是除图块、网格、三维面、轨迹线以外的任何对象。

命令格式

　　TRIM /TR

实例1　修剪图形

AutoCAD 2013/2012/2011/2010

❶ 使用【修剪】命令修剪如图12-27所示图形中的矩形，输入并执行【TRIM】命令，选择如图12-28所示的圆形作为修剪边界。

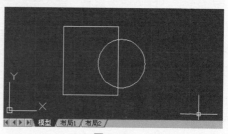

图12-27

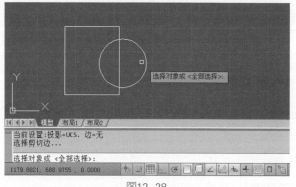

图12-28

2️⃣ 当系统提示"选择要修剪的对象"时，选择圆形内的线段，如图12-29所示。

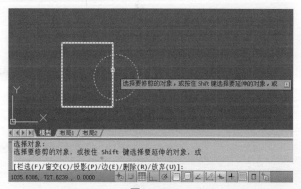

图12-29

3️⃣ 按下空格键进行确定，修剪后的效果如图12-30所示。

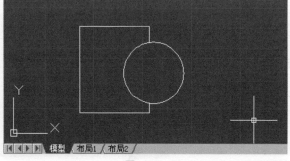

图12-30

命令7 阵列命令

◉ 命令功能

在AutoCAD中，使用【阵列（ARRAY）】命令可以对选定的圆形对象进行阵列操作，对图形进行阵列操作的方式包括矩形方式和圆环方式的排列复制。

◉ 命令格式

ARRAY /AR

实例1　矩形阵列图形　　　　AutoCAD 2013/2012/2011/2010 ◉

①输入并执行【ARRAY(AR)】命令，即可启动阵列命令，在左上方选择【矩形阵列】选项，如图12-31所示。

图12-31

②进入绘图区内，选择要进行阵列的对象，如图12-32所示。

图12-32

③ 然后移动鼠标，即可完成对选定图形的阵列操作，如图12-33所示。

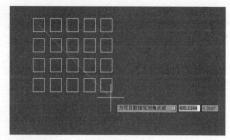

图12-33

实例2 环形阵列图形 AutoCAD 2013/2012/2011/2010

① 输入并执行【ARRAY(AR)】命令，即可启动阵列命令，在左上方选择【矩形阵列】选项，如图12-34所示。

图12-34

② 进入绘图区内，选择要进行阵列的对象，如图12-35所示。

图12-35

③ 然后设置项目总数，如图12-36所示。

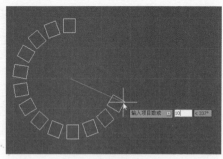

图12-36

④ 设置角度，如图12-37所示。

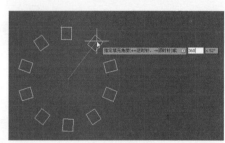

图12-37

⑤ 完成效果图，如图12-38所示。

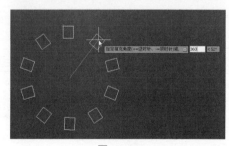

图12-38

命令8 删除命令

命令功能

使用【删除（ERASE）】命令可以将选定的图形对象从绘图区内删除。执行【删除（ERASE）】命令后，选中绘图区要删除的对象，按下空格键，即可将其删除；如果在操作过程中，要取消删除操作，可以按下Esc键退出，此时，命令行将返回等待状态。另外，在绘图区选中对象后，也可以按下Delete键将其直接删除。

◎ 命令格式

ERASE /E

综合应用实例　**绘制楼梯**

本例将介绍在AutoCAD中绘制建筑楼梯剖面图的方法，本例将运用到【直线】、【移动】、【镜像】等常用命令。

❶ 在如图12-39所示的图形中输入并执行【直线（L）】命令，当系统提示"指定第一点："时，输入FROM并确定，如图12-40所示。

图12-39

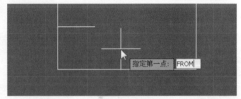

图12-40

❷ 指定绘制线段的基点，设置偏移基点，然后向上指定线段的下一点距离为60，如图12-41所示。

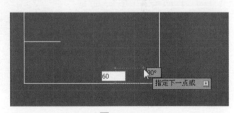

图12-41

❸ 向左指定线段下一点的距离为100，然后按下空格键，如图12-42所示。

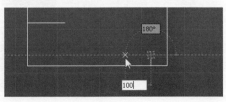

图12-42

④ 完成后的线段图形效果，如图12-43所示。

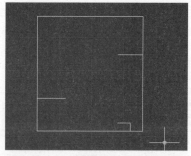

图12-43

⑤ 继续绘制向上移动60，向左移动100绘制楼梯图形，绘制完效果如图12-44所示。

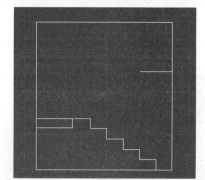

图12-44

⑥ 输入并执行【直线（L）】命令，然后通过捕捉点的方式绘制一条直线，当系统提示"指定第一点："时，指定需要绘制线段的起点，如图12-45所示。

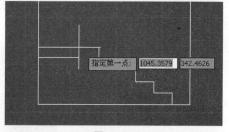

图12-45

⑦ 当系统提示"指定下一点："时，单击鼠标指定线段的下一点并按空格键进行确定，如图12-46所示。

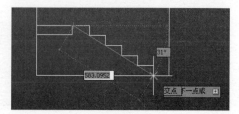

图12-46

⑧ 绘制完成后的效果，如图12-47所示。

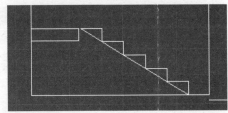

图12-47

⑨ 输入并执行【M】命令，移动直线，如图12-48所示。

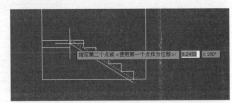

图12-48

⑩ 完成移动命令后，效果如图12-49所示。

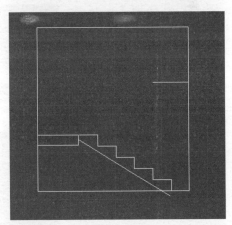

图12-49

⑪ 输入并执行【修剪（TRIM）】命令，当系统提示"选择对象："时，选择图形对象，如图12-50所示。

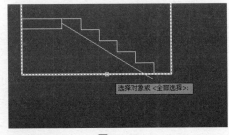

图12-50

⑫ 当系统提示"选择要修剪的对象："时，指定直线超出的部分，如图12-51所示。

图12-51

⑬ 修剪完成后的图形，效果如图12-52所示。

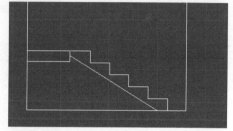

图12-52

⑭ 继续输入并执行【直线】命令，当系统提示"指定第一点："时，指定楼梯的底部，如图12-53所示。

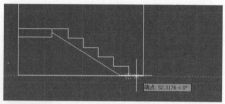

图12-53

⑮ 绘制直线，效果如图12-54所示。

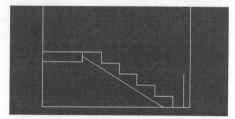

图12-54

⑯ 继续绘制直线，绘制完成后，效果如图12-55所示。

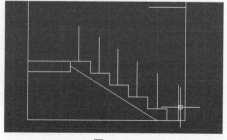

图12-55

⓱ 输入并执行【直线】命令，当系统提示"指定第一点："时，指定已绘制好的直线段的顶部，如图12-56所示。

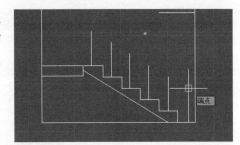

图12-56

⓲ 然后指定线段的下一点，连接端点，如图12-57所示。

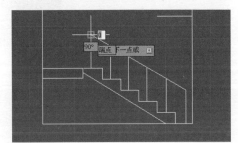

图12-57

⓳ 输入并执行【镜像（MI）】命令，选择创建好的楼梯图形，如图12-58所示。

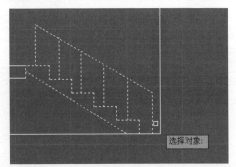

图12-58

⓴ 当系统提示"指定镜像线的第一点："时，指定如图12-59所示的端点。

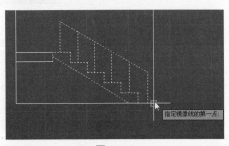

图12-59

第11章
第12章
第13章
第14章
第15章

㉑ 然后继续指定镜像线第二点，如图12-60所示。

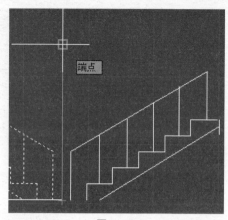

图12-60

㉒ 当系统提示"是否删除原对象："时，选择【N】不删除原对象，完成效果如图12-61所示。

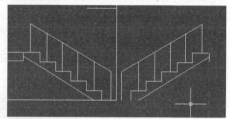

图12-61

㉓ 输入并执行【移动】命令，选择镜像复制得到的楼梯图形，如图12-62所示。

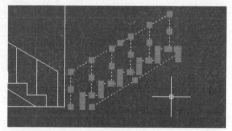

图12-62

㉔ 向左上方移动图形，如图12-63所示。

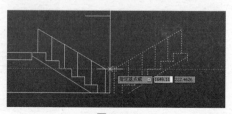

图12-63

㉕ 移动完成后的效
果，如图12-64所示。

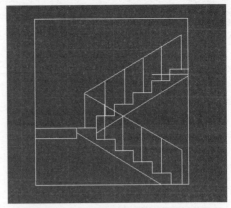

图12-64

㉖ 选择需要延伸的线
段，进行拉伸，连接边缘
线，图12-65所示。

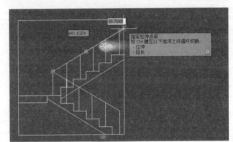

图12-65

㉗ 调整完成后的楼梯
草图效果，如图12-66所示。

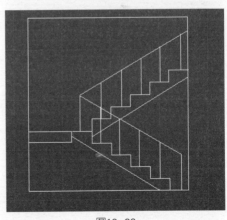

图12-66

第11章

第12章

第13章

第14章

第15章

第 *13* 章

常用的对象编辑快捷命令

本章讲解AutoCAD的二维图形编辑命令，我们可以通过编辑命令对图形进行修改，从而使图形更精确、更直观。

命令1 圆角命令

⊙ 命令功能

使用【圆角（FILLET）】命令可以选择性地修剪或延伸所选对象，以便更好地圆滑过渡，该命令可以对直线、多段线、样条曲线、构造线、射线等进行处理，但是不能对圆、椭圆和封闭的多段线等对象进行圆角。

使用【圆角（FILLET）】命令可以用一段指定半径的圆弧将两个对象连接在一起，还能将多段线的多个顶点一次性倒圆。使用此命令应先设定圆弧半径，再进行倒圆。

执行【圆角（FILLET）】命令后，系统将提示"选择第一个对象或[放弃（U）/多段线(P)/半径(R)/修剪(T)/多个(M)]："，其中各选项的含义如下。

- 选择第一个对象：再次提示下选择第一个对象，该对象是用来定义二维圆角的两个对象之一，或者是要加圆角的三维实体的边。
- 多段线（P）：在两条多段线相交的每个顶点处插入圆角弧。用户用点选的方式选中一条多段线后，会在多段线的各个顶点处进行圆角。
- 半径（R）：用于指定圆角的半径。
- 修剪（T）：控制AutoCAD是否修剪选定的边到圆角弧的端点。
- 多个（M）：可对多个对象进行重复修剪。

⊙ 命令格式

FILLET /F

实例1 对矩形一个角进行圆角   AutoCAD 2013/2012/2011/2010 ⊙

对图13-1所示的矩形的左上角进行圆角，具体操作如下。

① 输入并执行【圆角(F)】命令，然后输入R确定，选择【半径(R)】选项，如图13-2所示。

图13-1

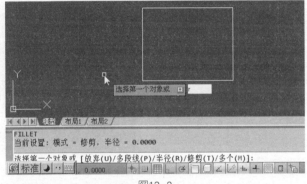

图13-2

2 设置圆角的半径为50，如图13-3所示。然后选择矩形的上方线段作为圆角的第一个对象，如图13-4所示。

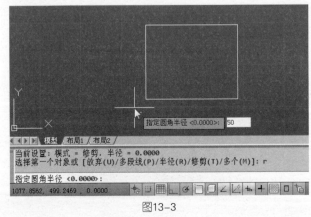

图13-3

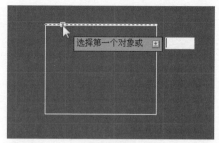

图13-4

3 继续选择矩形的左方线段作为圆角的第二个对象，如图13-5所示，对矩形进行圆角后的效果如图13-6所示。

图13-5

图13-6

实例2 对矩形四个角进行圆角 　　AutoCAD 2013/2012/2011/2010

对图13-7所示的矩形进行一次性圆角时，具体操作如下。

1 输入并执行【圆角(F)】命令，设置圆角的半径为50，如图13-8所示。

图13-7

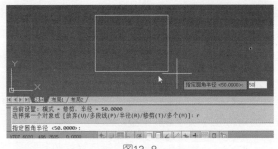

图13-8

❷ 输入P并确定，选择【多段线(P)】选项，如图13-9所示。然后选择矩形对象，即可将矩形的所有角进行圆处理，效果如图13-10所示。

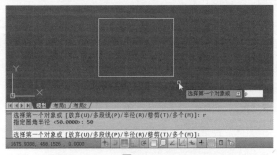

图13-9

图13-10

命令2 倒角命令

◎ 命令功能

使用【倒角（CHAMFER）】命令可以通过延伸或修剪的方法，用一条斜线连接两个非平行的对象。使用该命令执行倒角操作时，应先设定倒角距离，再指定倒角线。在命令提示中部分选项的含义如下。

- 选择第一条直线：指定倒角所需的两条边中的第一条边或要倒角的二维实体的边。

- 多段线（P）：将对多段线每个顶点处的相交直线段做倒角处理。倒角将成为多段线新的组成部分。

- 距离（D）：设置选定边的倒角距离值。执行该选项后，系统继续提示指定第一个倒角距离和指定第二个倒角距离。

- 角度（A）：该选项通过第一条线的倒角距离和第二条线的倒角角度设置倒角距离。执行该选项后，命令行中提示指定第一条直线的倒角长度和指定第一条直线的倒角角度。

- 修剪（T）：该选项用来确定倒角时是否对相应的倒角边进行修剪。执行该选项后，命令行中提示输入并执行修剪模式选项[修剪（T）/不修剪（N）]。

- 方式（T）：控制AutoCAD使用两个距离还是用一个距离和一个角度的方式来倒角。

- 多个（M）：可重复对多个图形进行倒角修改。

命令格式

CHAMFER /CHA

实例1 倒角处理
AutoCAD 2013/2012/2011/2010

对图13-11所示的直角图形进行倒角处理，具体操作如下。

1 输入并执行【倒角(CHA)】命令，然后输入D确定，选择【距离(D)】选项，如图13-12所示。

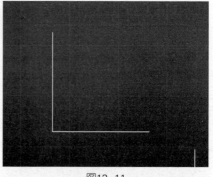

图13-11

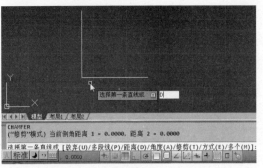

图13-12

2 当系统提示"指定第一个倒角距离:"时,设置第一个倒角距离为30,然后设置第二个倒角距离为10,如图13-13所示。

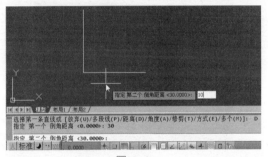

图13-3

3 当系统提示"选择第一条直线或[放弃/多段线/距离/角度/修剪/方式/多个]"时,选择左方线段作为倒角的第一个对象,如图13-14所示。

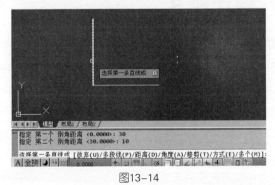

图13-14

4 选择下方线段作为倒角的第二个对象,如图13-15所示,对图形進行倒角后的效果如图13-16所示。

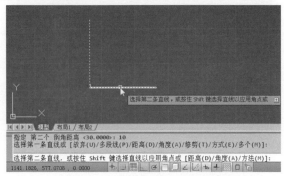

图13-15

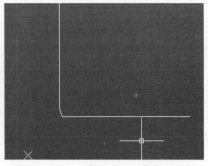

图13-16

命令3 延伸命令

命令功能

使用【延伸（EXTEND）】命令可以把直线、弧和多段线等图元对象的端点延长到指定的边界。通常可以使用【延伸（EXTEND）】命令，延伸的对象包括圆弧、椭圆弧、直线、非封闭的2D和3D多段线等。如果以有一定宽度的2D多段线作为延伸边界时，在执行延伸操作时会忽略其宽度，直接延伸对象到多段线的中心线上。

系统提示中常用选项的含义如下。

- 栏选（F）：启动栏选的选择方式来选择对象。

- 投影（P）：确定命令执行的投影空间。执行该选项后，命令行中提示"输入投影选项[无(N)/UCS(U)/视图(V)] < UCS > ："，选择适当的投影空间。

- 边（E）：该选项用来确定修剪边的方式。执行该选项后，命令行中提示"输入隐含边延伸模式[延伸(E)/不延伸(N)] < 不延伸 > :"，然后选择适当的修剪方式。

- 放弃（U）：用于取消由EXTEND命令最近所完成的操作。

◎ 命令格式

EXTEND /EX

实例1　倒角处理

AutoCAD 2013/2012/2011/2010

对图13-17所示的竖线进行延伸，具体操作如下。

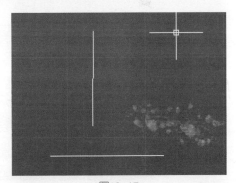

图13-17

❶ 输入并执行【延伸(EX))】命令，选择横线为延伸边界，如图13-18所示。

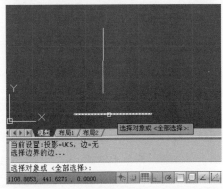

图13-18

② 当系统提示"选择要延伸的对象，或按住Shift键选择要修剪的对象"时，选择竖线段作为延伸线段，如图13-19所示，然后按下空格键进行确定，延伸后的效果如图13-20所示。

图13-19

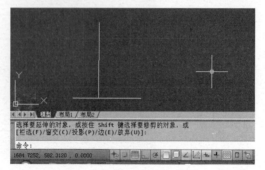

图13-20

命令4 拉长命令

🔘 命令功能

使用【拉长（LENGTHEN）】命令可以延伸和缩短直线，或改变圆弧的圆心角。使用该命令执行拉长操作，允许以动态方式拖拉对象终点，可以通过输入【增量】值、百分比值或输入对象的总长的方法来改变对象的长度。使用【拉长（LENGTHEN）】命令不能影响闭合的对象，选定对象的拉伸方向不需要与当前用户坐标系（UCS）的Z轴平行。

　　执行【拉长（LENGTHEN）】命令后，系统将提示"选择对象或
[增量（DE）/百分数（P）/全部（T）/动态（DY）]："，其中各选项
的含义如下。

- 增量（DE）：将选定图形对象的长度增加一定的数量值。
- 百分比（P）：通过指定对象总长度的百分数设置对象长度。
  百分数也按照圆弧总包含角的指定百分比修改圆弧角度，执行
  该选项后，系统继续提示"输入长度百分数＜当前＞："，这
  里需要输入非零正数值。
- 全部（T）：通过指定从固定端点测量的总长度的绝对值来设
  置选定对象的长度。【全部】选项也按照指定的总角度设置选
  定圆弧的包含角。系统继续提示"指定总长度或[角度（A）
  ]＜当前＞："，指定距离，输入非零正值。输入A或按下
  Enter键。
- 动态（DY）：打开动态拖动模式，通过拖动选定对象的端点
  之一来改变其长度。其他端点保持不变。系统继续提示"选择
  要修改的对象或[放弃（U）]："，选择一个对象或输入放弃
  命令U。

命令格式

LENGTHEN /LEN

实例1　使用增量方式拉长对象　　　AutoCAD 2013/2012/2011/2010

　　使用增量方式拉长对
象是将选定图形的长度增加
一定的数量值，例如，如图
13-21所示的一条线段增长
100个单位，具体操作如下。

① 输入并执行【拉长
(LEN))】命令，输入DE并
确定，选择【增量(DE)】选
项，如图13-22所示。

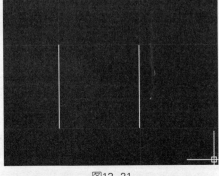

图13-21

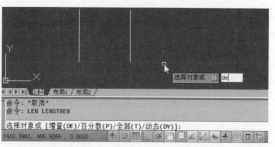

图13-22

② 当系统提示"输入长度增量或[角度(A)]:"时,设置增量值为100,然后选择要拉长的线条,如图13-23所示,然后进行确定,拉长效果如图13-24所示。

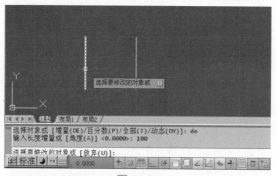

图13-23

图13-24

实例2 使用百分数方式拉长对象

AutoCAD 2013/2012/2011/2010

使用百分数方式拉长对象是通过指定对象总长度的百分数设置对象

长度，例如将如图13-25所示的弧线增长50%，具体操作如下。

❶ 输入并执行【拉长(LEN))】命令，输入P并确定，选择【百分数(P)】选项，如图13-26所示。

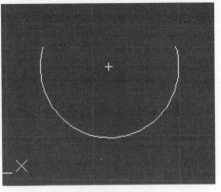

图13-25

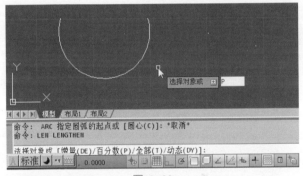

图13-26

❷ 设置长度百分数为50，如图13-27所示，然后选择绘制的圆弧并进行确定，拉长圆弧效果如图13-28所示。

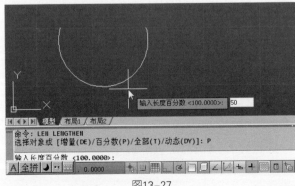

图13-27

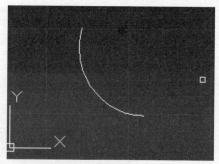

图13-28

实例3 使用全部方式拉长对象 AutoCAD 2013/2012/2011/2010

使用全部方式拉长对象是通过指定从固定端点测量的总长度的绝对值来设置选定对象的长度，例如在如图13-29所示的图形中，将线段长度更改为200，具体操作如下。

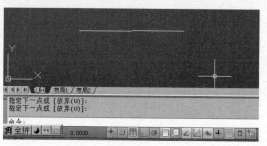

图13-29

❶ 输入并执行【拉长(LEN))】命令，输入T并确定，选择【全部(T)】选项，如图13-30所示。

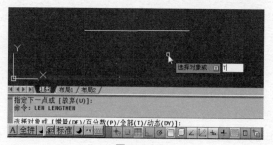

图13-30

❷ 当系统提示"指定总长度或[角度(A)]："时，设置总长度为200，如图13-31所示，然后选择要修改的线段进行确定，修改效果如图13-32所示。

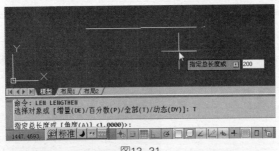

图13-31

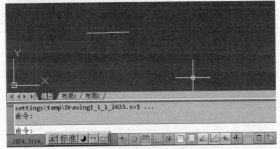

图13-32

命令5　拉伸命令

命令功能

使用【拉伸（STRETCH）】命令，可以按指定的方向和角度拉长或缩短实体，也可以调整对象大小，使其在一个方向上或是按比例增大或缩小；还可以通过移动端点、顶点或控制点来拉伸某些对象。

使用【拉伸（STRETCH）】命令可以拉伸线段、弧、多段线和轨迹线等实体，但不能拉伸圆、文本、块和点。执行STRETCH（S）拉伸命令改变对象的形状时，只能以窗选方式选择实体，与窗口相交的实体将被执行拉伸操作，窗口内的实体将随之移动。

🌑 命令格式

STRETCH/S

实例1 拉伸图形

AutoCAD 2013/2012/2011/2010 ◐

例如拉伸如图13-33所示的三角形顶点，具体操作如下。

① 输入并执行【S】命令，然后使用交叉选择的方式选择三角形的顶点，如图13-34所示。

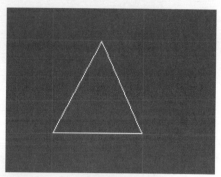

图13-33

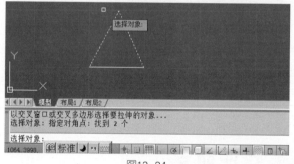

图13-34

② 当系统提示"指定基点或[位移(D)]："时，单击鼠标指定拉伸的基点，如图13-35所示。

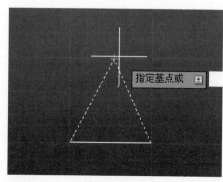

图13-35

❸ 当系统提示"指定位移的第二个点或<用第一个点作位移>:"时,向右移动光标指定拉伸的下一个点,如图13-36所示,拉伸后的效果如图13-37所示。

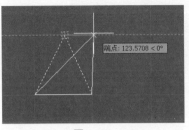

图13-36

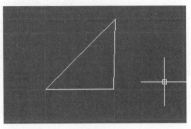

图13-37

命令6 打断命令

🔘 命令功能

使用【打断(BREAK)】命令可以将对象从某一点处断开,从而将其分成两个独立的对象。该命令常用于剪断图形,但不删除对象。执行该命令可以将直线、圆、弧、多段线、样条线、射线等对象分成两个实体。该命令可以通过指定两点或选择物体后再指定两点这两种方式断开形体。

🔘 命令格式

BREAK /BR

实例1 打断图形

AutoCAD 2013/2012/2011/2010

例如使用【打断】命令打断如图13-38所示的矩形时,具体操作如下。

图13-38

① 输入并执行【打断】命令，选择要打断的矩形，如图13-39所示。

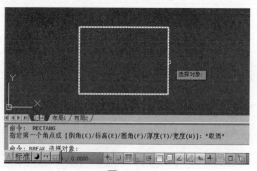

图13-39

② 当系统提示"指定第二个打断点或[第一点(F)]"时，输入F并确定，如图13-40所示，选择"第一点（F）"选项，然后在指定位置指定第一个打断点，如图13-41所示。

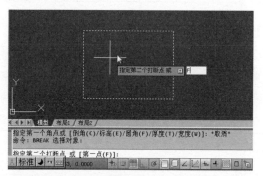

图13-40

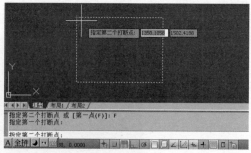

图13-41

③ 在如图13-42所示的位置指定要打断的第二个点，打断矩形后效

果，如图13-43所示。

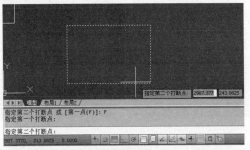

图13-42

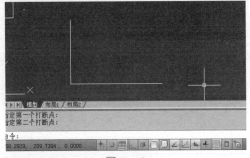

图13-43

命令7 合并命令

命令功能

使用【合并】命令可以将相似的对象合并以形成一个完整的对象。

命令格式

JOIN

实例1 合并圆弧   AutoCAD 2013/2012/2011/2010

例如，使用【合并】命令合并如图13-44所示的圆弧图形，具体操作如下。

❶ 输入并执行【合并】命令，选择要合并的源对象，如图13-45所示。

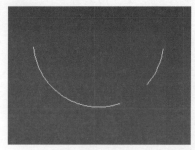

图13-44

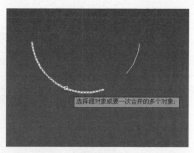

图13-45

❷ 当系统提示“选择对象，以合并到源或进行[闭合(L)]：”时，选择要合并的另一个对象，如图13-46所示。

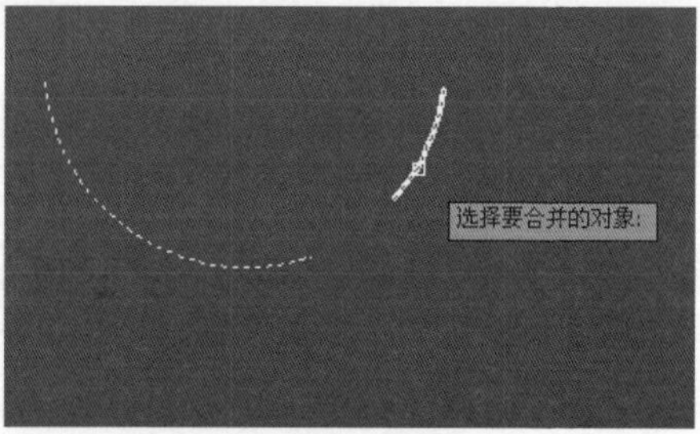

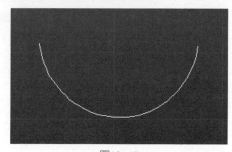

图13-46

❸ 然后按下空格键进行确定，合并后效果如图13-47所示。

图13-47

命令8 比例缩放命令

命令功能

【比例缩放（SCALE）】命令用于将对象按指定的比例因子改变实体的尺寸大小，可以把整个对象或者对象的一部分沿x、y、z方向以相同的比例放大或缩小，由于向三个方向的缩放率相同，因此保证了缩放实体的形状不变。

◎ 命令格式

SCALE /SC

实例1 缩放图形

AutoCAD 2013/2012/2011/2010 ◎

例如使用【比例缩放(SC)】命令缩放如图13-48所示的圆形，具体操作如下。

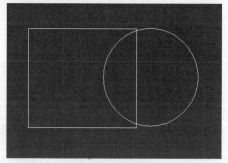

图13-48

❶ 输入并执行【SC】命令，选择圆形，如图13-49所示。

❷ 当系统提示"指定基点："时，在如图13-50所示的位置单击鼠标指定缩放的基点，当系统提示"指定比例因子或[复制/参照]："时，输入缩放比例因子为0.5，如图13-51所示。

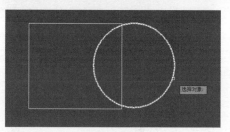

图13-49

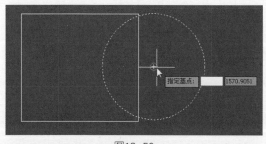

图13-50

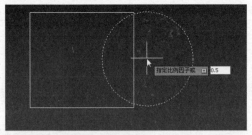

图13-51

❸ 按下空格键进行确定，完成对圆形的缩放操作，如图13-52所示。

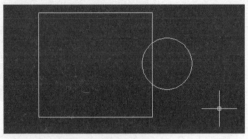

图13-52

命令9 分解命令

🟠 命令功能

使用【分解（EXPLODE）】命令，可以将多个组合实体分解为单独的图元对象。例如，使用【分解（EXPLODE）】命令可以将矩形分解成线段，将图块分解为单个独立的对象等。执行EXPLODE命令后，AutoCAD提示选择操作对象，用鼠标选择方式中的任意一种方法选择操作对象，然后按下空格键即可。

🟠 命令格式

EXPLODE /X

实例1 分解矩形　　　　　　　　　AutoCAD 2013/2012/2011/2010 🔴

例如使用【X】命令分解如图13-53所示的矩形，具体操作如下。

❶ 输入并执行【X】命令，选择矩形，如图13-54所示。

图13-53

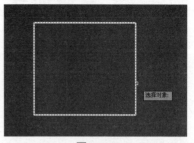

图13-54

❷ 然后按下空格键进行确定，即可将矩形分解成四条单独的直线，如图13-55所示。

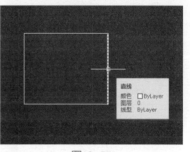

图13-55

专家提示

　　具有一定宽度的多段线被分解后，AutoCAD将放弃多段线的任何宽度和切线信息，分解后的多段线的宽度、线型、颜色将变为当前图层的属性。

命令10　放弃命令

🔘 命令功能

　　在AutoCAD中，系统提供了图形的恢复功能。利用图形恢复功能，可对绘图过程中的操作进行取消。输入并执行【放弃（UNDO）】命令，即可放弃上一步的操作。在AutoCAD中，可以连续取消已经执行的命令，直到返回到最近一次保存的图形。

🔘 命令格式

　　UNDO

命令11 重做命令

命令功能

在AutoCAD中，系统出了提供【放弃（UNDO）】命令外，还提供了图形的重做功能。利用图形重做功能，可以重新执行放弃的操作。输入并执行【重做（REDO）】命令，即可重做上一步取消的操作。

命令格式

REDO

综合应用实例 绘制沙发效果图

本例将介绍在AutoCAD中绘制沙发平面图的方法，本例将运用到【直线】、【矩形】、【镜像】等多个常用命令。

① 输入并执行【直线（L）】命令，在绘图区绘制一条长为2040的线段，然后执行【偏移（O）】命令，将线段向下一次偏移120和600，如图13-56所示。

图13-56

② 执行【直线（L）】命令，通过捕捉线段的终点绘制两条直线，如图13-57所示。

图13-57

③ 执行【偏移（O）】命令，将左方线段向右偏移120，如图13-58所示。

图13-58

④ 然后将偏移得到的线段向右偏移3次，偏移距离为600，如图13-59所示。

图13-59

⑤ 执行【偏移（O）】命令设置偏移距离为20，选择如图13-60所示的线段，将选择的线段向下偏移，如图13-61所示。

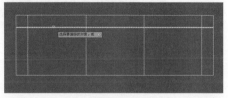

图13-60

⑥ 执行【偏移（O）】命令，设置偏移距离为15，将偏移得到的线段向下偏移，如图13-62所示。

图13-61

⑦ 将垂直的线段按照以上步骤向内偏移20和15，如图13-63所示。

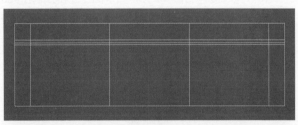

图13-62

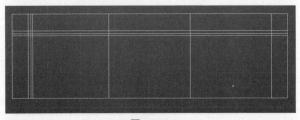

图13-63

⑧ 执行【圆角（F）】命令，当系统提示"选择第一个对象："时输入R并确定，选择【半径（R）】选项，设置半径为40，如图13-64所示。

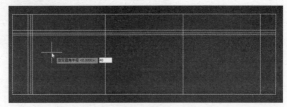

图13-64

⑨ 当系统继续提示"选择第一个对象或："时，选择要进行圆角的第一个对象，如图13-65所示。

图13-65

⑩ 当系统继续提示"选择第二个对象，或按住Shift键选择要应用角点的对象："时，选择要进行圆角的第二个对象，效果如图13-66所示。

图13-66

⑪ 圆角后的效果，如图13-67所示。

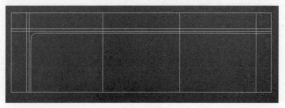

图13-67

⑫ 执行【圆角（F）】命令，然后设置圆角半径为56，对另外两条线段进行圆角，如图13-68所示。

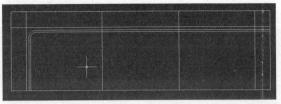

图13-68

⑬ 执行【圆角（F）】命令，然后设置圆角半径为80，继续对另两条线段进行圆角，效果如图13-69所示。

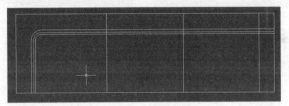

图13-69

⑭ 执行【圆角（F）】命令，然后设置圆角半径为200，对外边两条线段进行圆角，效果如图13-70所示。

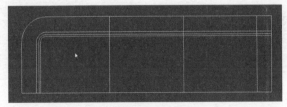

图13-70

⑮ 使用同样的方法，对右方的线段进行圆角，如图13-71所示。

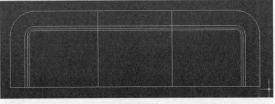

图13-71

⓰ 执行【圆角（F）】命令，然后设置圆角半径为40，选择如图13-72所示的线段为一个圆角对象，选择如图13-73所示的线段为第二个圆角对象。

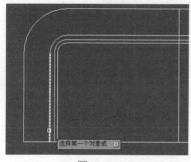

图13-72

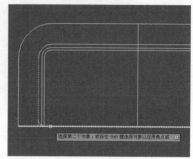

图13-73

⓱ 对线段进行圆角后的效果，如图13-74所示。然后继续对右边的线段进行圆角，效果如图13-75所示。

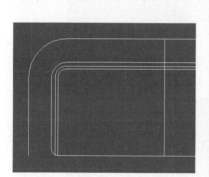

图13-74

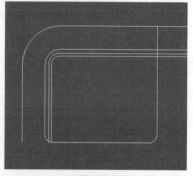

图13-75

⓲ 执行【复制（CO）】命令，当系统提示"选择对象："时，选择如图13-76所示的圆弧和线段。

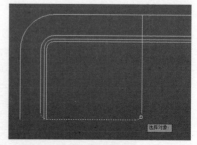

图13-76

19 当系统提示"指定基点或："时，指定复制的基点，如图13-77所示。

20 当系统提示"指定第二个点或："时指定复制的第二个点，如图13-78所示。

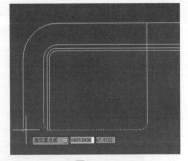

图13-77

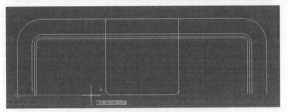

图13-78

21 当系统继续提示"指定第二个点或："时，指定复制的下一个点，如图13-79所示。按下空格键进行确定。

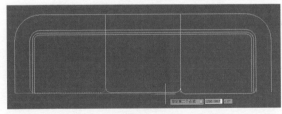

图13-79

22 结合【直线（L）】和【圆角（F）】命令完成沙发扶手的图形，如图13-80所示。

图13-80

㉓ 使用同样的方法，绘制一个单人沙发图形，如图13-81所示。

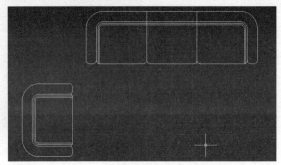

图13-81

㉔ 执行【镜像（MI）】命令，选择单人沙发图形，捕捉三人沙发的中点为镜像线的第一点，如图13-82所示。

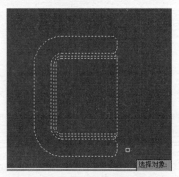

图13-82

㉕ 垂直向下指定第二个点，镜像复制的效果，如图13-83所示。

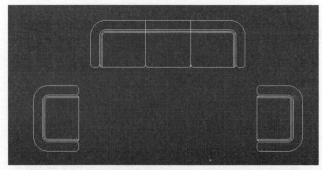

图13-83

㉖ 执行【圆（C）】命令，绘制两个同心圆，作为灯具图形，如图13-84所示。

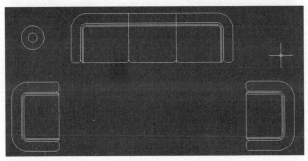

图13-84

㉗ 使用【矩形（REC）】命令绘制矩形小茶几的图形，如图13-85所示。

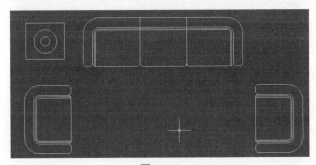

图13-85

㉘ 使用【镜像（MI）】命令小茶几和灯具图形进行镜像复制，选择三人沙发的中点为镜像的第一个点，如图13-86所示。

图13-86

㉙ 镜像复制后的效果，如图13-87所示。

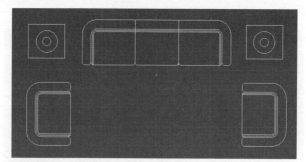

图13-87

㉚ 使用【矩形（REC）】命令绘制三个矩形作为茶几和地毯图形，如图13-88所示。

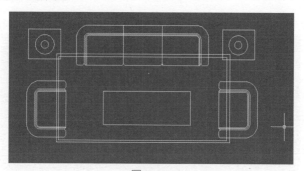

图13-88

㉛ 使用【修剪（TR）】命令对线段进行修剪，完成沙发效果图的绘制，如图13-89所示。

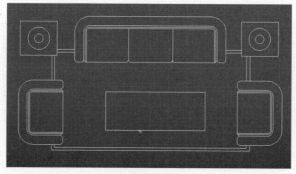

图13-89

第 *14* 章

图形特性

　　绘制了那么多图形，还没有学习如何在AutoCAD中设置图形的颜色、线型和线宽。要知道在AutoCAD中，不同的颜色、线型和线宽代表着不同的意义。本章将介绍设置图形的颜色、线型和线宽的方法。

命令1 常用线型的种类

◎ 命令功能

在AutoCAD中绘制建筑、机械等图形的操作中，通常会用到如下5种线型。

- 实线：主要表示可以直接看见的图形轮廓线。
- 虚线：也叫隐藏线，用于表示不能直接看见，但存在于物体上的线条。
- 点画线：表示中心线或对称线。
- 假象线：用于单独说明图形，不代表实际意义。
- 样条曲线：又叫波浪线，主要表示打断或分割的图形，常用于局部视图或剖视图。

命令2 线条特性的设定

◎ 命令功能

在AutoCAD的绘图工作中，线型、颜色和线宽的设定是经常要用到的功能，不同的线型需要用不通的颜色表示，不同的线型需要设定不同的线宽值。设定线型、颜色和线宽可以表达不同的图形内容，也可以使打印出来的图形画面更清晰、更具有条理，以便他人进行查看。

设置线型、颜色和线宽时，可以直接在【特性】面板中的【线型控制】列表、【颜色设置】列表和【线宽设置】列表中进行选择。

实例1　设置线条的线型　　AutoCAD 2013/2012/2011/2010

绘制一条线段，然后选择该线段，如图14-1所示，单击【特性】面板中【线型控制】列表的下拉按钮，在打开的列表中选择需要的线

图14-1

型，如图14-2所示，即可改变线段的线型，如图14-3所示。

图14-2

图14-3

实例2　设置线条的颜色 AutoCAD 2013/2012/2011/2010

选择需要设置颜色的线段，单击【特性】面板中【颜色控制】列表的下拉按钮，在打开的列表中选择需要的颜色，如图14-4所示，即可改变线段的颜色。

图14-4

实例3　设置线条的宽度 AutoCAD 2013/2012/2011/2010

选择需要设置线宽的线段，单击【特性】面板中【线宽控制】列表的下拉按钮，在打开的列表中选择需要的线宽，如图14-5所示，即可改变线段的线宽。

图14-5

第11章
第12章
第13章
第14章
第15章

命令3 线型比例设定

◎ 命令功能

当完成线型的设置后，如果发现线型的现实效果不理想，可以通过改变线型比例的方式，使线型显示出理想的效果。

◎ 命令格式

LTSCALE/LTS

实例1 线型比例设定

AutoCAD 2013/2012/2011/2010

将如图14-6所示的矩形更改线型比例因子。输入并执行【LTS】命令，当系统提示"输入新线型比例因子"时输入新的线型比例值，如图14-7所示，然后按下空格键进行确定，即可完成新线型比例，如图14-8所示。

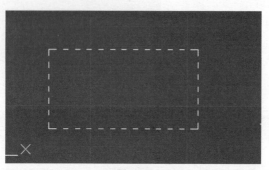

图14-6

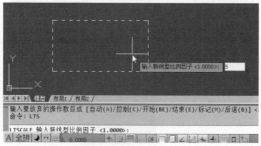

图14-7

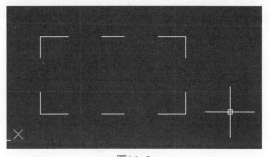

图14-8

命令4　线型管理

命令功能

输入并执行【LINETYPE】命令，将打开【线型管理器】对话框，在该对话框中可以加载、删除线型，也可以设置全局的比例因子。

命令格式

LINETYPE

实例1　线型管理 　　　　　　　　　　　　　AutoCAD 2013/2012/2011/2010

输入并执行【LINETYPE】命令，打开【线型管理器】对话框，如图14-9所示。

图14-9

命令5 线宽设置

◎ 命令功能

输入并执行【LWEIGHT】命令，将打开【线宽设置】对话框，在该对话框中可以设置绘图的线宽值、线宽的单位，也可以设置是否显示线宽和调整线宽的显示比例等。

◎ 命令格式

LWEIGHT

| 实例1 线宽设置 | AutoCAD 2013/2012/2011/2010 |

输入并执行【LWEIGHT】命令，打开【线宽设置】对话框，如图14-10所示。

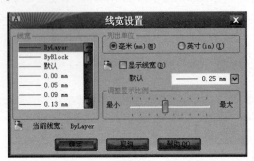

图14-10

第 *15* 章

格式应用

　　在编辑图形的时候，当需要把一个图形的属性复制到另一个图形上时，不需要重复设置，只需要使用格式刷的命令就可以轻松完成操作。

命令1 应用格式刷

命令功能

输入并执行【MATCHPROP(MA)】命令，可以将一个对象所具有的特性复制给其他对象，可以复制的特性包括颜色、图层、线型、线型比例、厚度和打印样式，有时可包括文字、标注和图案填充特性。

命令格式

MATCHPROP/MA

实例1 格式化应用

AutoCAD 2013/2012/2011/2010

① 输入并执行【MA】命令，系统将提示"选择源对象："，此时需要用户选择已具有所需要特性的对象，如图15-1所示。

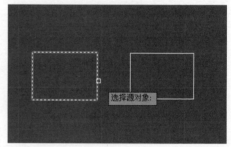

图15-1

② 选择源对象后，系统将提示"选择目标对象或[设置：]"，此时选择应用源对象特性的目标对象即可，如图15-2所示。

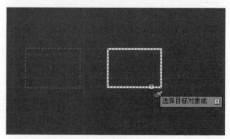

图15-2

③ 在复制图形特性时，当系统提示"选择目标对象或[设置]"时，输入S并按下空格键进去确定，将打开【特性设置】对话框，用户在该对话框中可以设置复制所需要的特性，如图15-3所示。

图15-3

命令2 图形过滤

◎ 命令功能

【FILTER(FI)】命令主要用于图形较多的图面中，用于编辑具有相同属性的图形，如改变所有虚线的颜色、改变或删除所有颜色相同的颜色等，该命令只针对具有相同属性的图形。

◎ 命令格式

FILTER/FI

实例1　图形过滤　　　　　　　　　　AutoCAD 2013/2012/2011/2010

❶ 输入并执行【FI】命令，将打开【对象选择过滤器】对话框，如图15-4所示。单击【添加选定对象】按钮，将进入绘图区，用户可以选择一个需要编辑的图形。

图15-4

② 在选择需要编辑的图形后，在【对象选择过滤器】对话框中将显示被选择图形的属性信息，如图15-5所示。单击【删除】按钮，将图形选择过滤器中不需要的属性信息删除，保留需要的属性信息即可。

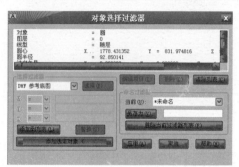

图15-5

综合应用实例 绘制轴承平面图

本例将介绍在AutoCAD中绘制轴承的平面图，将运用到【线宽设置】、【线型管理】、【镜像】等多个常用命令。

① 输入并执行【线宽设置（LWEIGHT）】命令，在打开的【线宽设置】对话框中，选中【显示线宽】复选项，打开线宽功能，如图15-6所示。

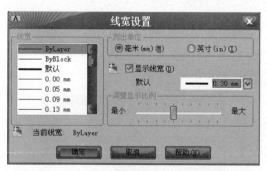

图15-6

② 输入执行【LINETYPE】命令，打开【线型管理器】对话框，在该对话框中将【全局比例因子】设置为8，如图15-7所示。

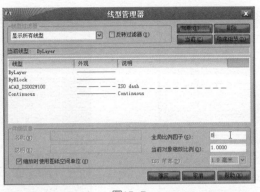

图15-7

③ 单击【加载】按钮，在打开的【加载或重载线型】对话框中选择【ACAD-ISO08W100】线型，如图15-8所示。

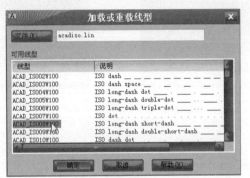

图15-8

④ 单击【特性】面板中的【线宽控制】列表下拉按钮，在打开的列表中设置当前绘图的线宽为0.3mm，如图15-9所示。

⑤ 输入并执行【矩形（REC）】命令，在绘图区内绘制长度为260，宽度为1000，圆角为10的圆角矩形，如图15-10所示。

⑥ 输入并执行【分解（X）】命令，选择绘制的圆角矩形，将其分解成独立的对象。然后使用【偏移（O）】命令对矩形上方的边三次向下偏移复制，偏移距离为100、200、280，如图15-11所示。

⑦ 输入并执行【延伸（EXTEND）】命令，选择矩形的左右边线作为延伸边界，对偏移得到的线进行延伸，如图15-12所示。

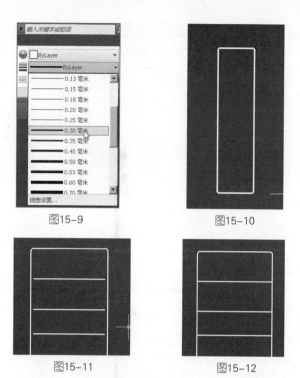

图15-9   图15-10

图15-11   图15-12

⑧ 执行【圆角（F）】命令，当系统提示"选择第一个对象："时输入R并确定，选择【半径（R）】选项，设置半径为10，对偏移得到的线段进行圆角，如图15-13所示。

⑨ 使用【圆（C）】命令绘制圆，将其放在如图15-14所示的位置。

⑩ 使用【修剪（TR）】命令以绘制的圆作为剪切边界，剪切掉圆内轮廓线，效果如图15-15所示。

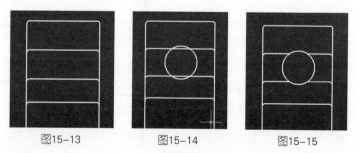

图15-13   图15-14   图15-15

⑪ 输入并执行【镜像（MI）】命令，以矩形左右两边的中心点为

镜像轴线，如图15-16所示。

⑫ 对偏移的三条线段和圆进行镜像复制，如图15-17所示。

图15-16　　　　　　　　　　图15-17

⑬ 单击【特性】面板中的【线宽控制】列表的下拉按钮，在打开的列表中设置当前绘图的线宽值为0，如图15-18所示。

⑭ 单击【特性】面板中的【颜色控制】列表的下拉按钮，在打开的列表中设置当前绘图的颜色为青色，如图15-19所示。

 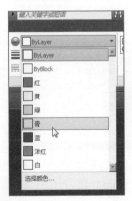

图15-18　　　　　　　　　　图15-19

⑮ 输入并执行【图案填充（H）】命令，打开【图案填充和渐变色】对话框，设置图案的填充图案和参数，如图15-20所示。对主图进行填充，效果如图15-21所示。

⑯ 重复执行【图案填充（H）】命令，将填充角度修改为90，对主视图进行填充，如图15-22所示。

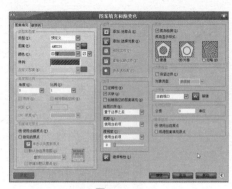

图15-20	图15-21	图15-22

⓱ 单击【特性】面板中的【颜色控制】列表下拉按钮，在打开的列表中设置当前绘图的颜色为红色，效果如图15-23所示。

⓲ 单击【特性】面板中的【线型控制】列表下拉按钮，在打开的列表中设置当前绘图的线型为【ACAD-ISO08W100】，效果如图15-24所示。

图15-23	图15-24

⓳ 输入并执行【构造线（XL）】命令，根据轴承主视图各轮廓线的位置，绘制辅助线，如图15-25所示。

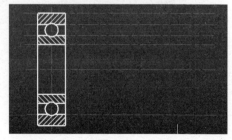

图15-25

⑳ 输入并执行【偏移（O）】命令，将左方的垂直点划线向右移动，如图15-26所示。

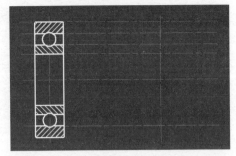

图15-26

㉑ 设置当前绘图颜色为白色、设置线宽为0.3mm、线型为【continuous】，然后输入并执行【圆（C）】命令，绘制圆形，如图15-27所示。

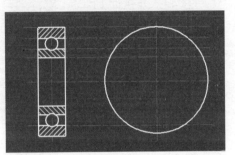

图15-27

㉒ 继续执行【圆（C）】命令，以此绘制圆形，如图15-28所示。

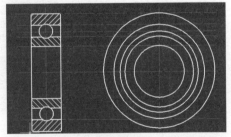

图15-28

㉓ 使用【圆（C）】命令绘制小圆作为滚珠轮廓，如图15-29所示。

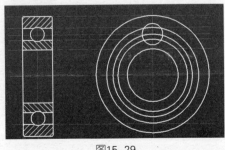

图15-29

第11章
第12章
第13章
第14章
第15章

㉔ 输入并执行【剪切（TR）】命令，剪切圆的两端，如图15-30所示。

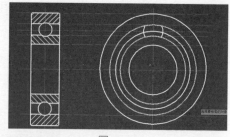

图15-30

㉕ 输入并执行【阵列（AR）】命令，选择修剪后的两段圆弧，以圆心为阵列中心点，对选择的图形进行环形阵列，如图15-31所示。

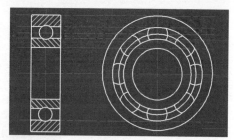

图15-31

㉖ 使用【删除（E）】命令，删除不需要的辅助线，如图15-32所示。

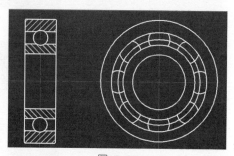

图15-32

㉗ 选择滚珠图形中间的圆形，然后设置其线条颜色为洋红色、设置线型为ACAD-ISO08W100、线宽为0，使其变为隐藏线样式，完成效果如图15-33所示。

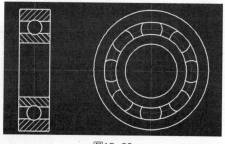

图15-33

第 *16* 章

AutoCAD其他绘图快捷命令

　　在前面学习了直线命令、圆形命令、矩形命令等常用命令。这些命令在AutoCAD中是经常用到的命令。在本章中，我们还继续学习一些新的绘图命令，例如椭圆、多边形、多段线和样条曲线等绘图命令，这些命令也是经常用到的命令。

命令1 绘制椭圆

◎ 命令功能

在AutoCAD中，绘制椭圆是由定义其长度和宽度的两条轴决定的，当两条轴的长度不相等时，形成的对象为椭圆；当两条轴的长度相等时，则形成的对象为圆形。

输入并执行ELLIPSE命令后，将提示"指定椭圆的轴端点或[圆弧(A)/中心点(C)]:"，其中各选择的含义如下。

- 轴端点：以椭圆轴端点绘制椭圆。
- 圆弧（A）：用于创建椭圆弧。
- 中心点（C）：以椭圆圆心和两轴端点绘制椭圆。

◎ 命令格式

ELLIPSE/EL

实例1 通过轴端点的方式绘制椭圆 AutoCAD 2013/2012/2011/2010 ◎

❶ 输入并执行【EL】命令，当系统提示"指定椭圆的轴端点或[圆弧/中心点]:"时，单击鼠标指定椭圆的第一个端点，然后移动鼠标指定椭圆的另一个端点，如图16-1所示。

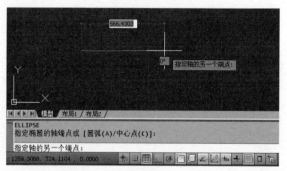

图16-1

❷ 系统提示"指定另一条半轴长度或[旋转]:"时，向上移动鼠标指定的另一条半轴长度，如图16-2所示，创建的椭圆如图16-3所示。

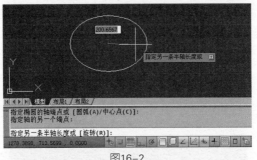

图16-2

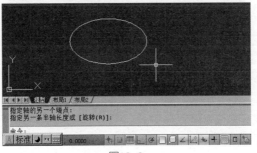

图16-3

实例2　通过中心点的方式绘制椭圆　AutoCAD 2013/2012/2011/2010

❶ 输入并执行【EL】命令，当系统提示"指定椭圆的轴端点或 [圆弧/中心点]："时，输入C并确定，以选择【中心点(C)】选项，如图16-4所示。

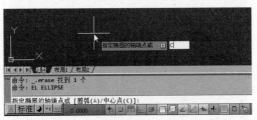

图16-4

❷ 系统提示"指定椭圆中心点："时，指定椭圆的中心点，如图16-5所示，系统提示"指定轴的端点："时，移动鼠标指定轴的端点，如图16-6所示。

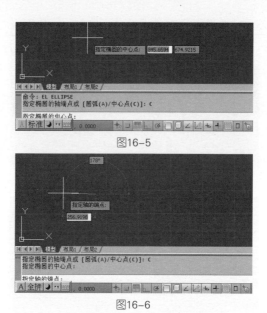

图16-5

图16-6

③ 指定轴的端点后，系统将提示"指定另一条半轴长度或[旋转]:"时，然后指定另一条半轴长度，如图16-7所示，即可创建一个椭圆，如图16-8所示。

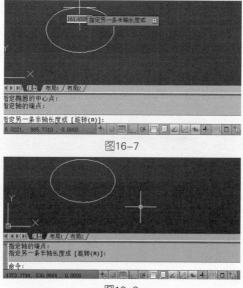

图16-7

图16-8

命令2 绘制多边形

⊚ 命令功能

使用【多边形(POLYGON)】命令，可以绘制由3~1024条边所组成的正多边形。

⊚ 命令格式

POLYGON/POL

实例1 绘制外切正多边形 AutoCAD 2013/2012/2011/2010

❶ 输入并执行【POL】命令，然后输入并确定多边形的边数，如图16-9所示。

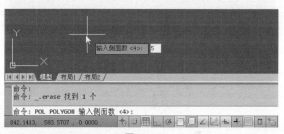

图16-9

❷ 在绘图区指定正多边形的中心点，在弹出的菜单中选择【外切于圆】选项，如图16-10所示。

图16-10

❸ 当系统提示"指定圆的半径"时，输入圆的半径数值，如图16-11所示；然后按下空格键确定，即可创建一个指定边数和大小的正多边

形，如图16-12所示。

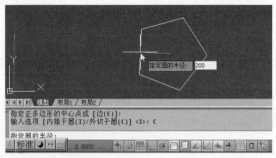

图16-11

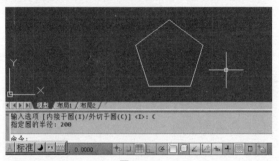

图16-12

实例2　绘制内接正多边形

AutoCAD 2013/2012/2011/2010

❶ 输入并执行【POL】命令，然后输入并确定多边形的边数，如图16-13所示。

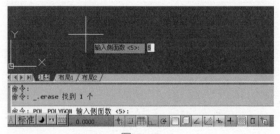

图16-13

❷ 在绘图区指定正多边形的中心点，在弹出的菜单中选择【内接于圆】选项，如图16-14所示。

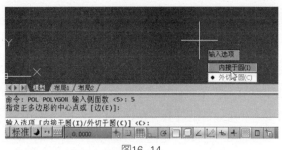

图16-14

③ 当系统提示"指定圆的半径"时，输入圆的半径数值，如图16-15所示；然后按下空格键确定，即可创建一个指定边数和大小的内接正多边形，如图16-16所示。

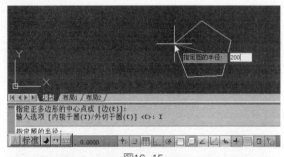

图16-15

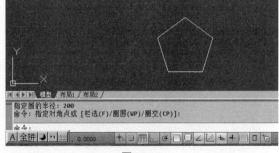

图16-16

专家提示

　　从创建的外切圆正多边形和内接圆正多边形可以看出，使用【正多边形】命令绘制的外切圆正多边形和内接圆正多边形时，尽管它们具有相同的边数和半径，但是其大小却不相同。

命令3 绘制圆弧

🔘 命令功能

绘制圆弧的方法很多，可以通过起点、方向、中点、包角、终点、弦长等参数进行确定。执行【圆弧(ARC)】命令后，系统将提示"指定圆弧的起点或[圆心(C)]:"，指定起点或圆心后，接着提示"指定圆弧的第二点或[圆心(C)/端点(E)]："，其中各项含义如下。

- 圆心（C）：用于确定圆弧的中心点。
- 端点（E）：用于确定圆弧的终点。
- 弦长（L）：用于确定圆弧的弦长。
- 方向（D）：用于定义圆弧起始点处的切线方向。

🔘 命令格式

ARC/A

❶ 使用【直线】命令绘制一条长为800的垂直线段，然后执行【圆弧（A）】命令，当系统提示"指定圆弧的起点或[圆心(C)]:"时，根据如图16-17所示的位置指定圆弧的起点。

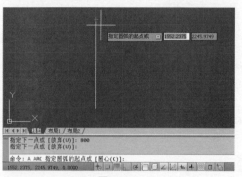

图16-17

❷ 当系统提示"指定圆弧的第二个点或[圆心(C)/端点(E)]："时，输入C并确定，选择【圆心】选项，如图16-18所示。

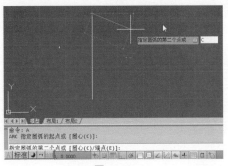

图16-18

3 当光标向下移动，捕捉线段下方的端点作为圆心，如图16-19所示；当系统提示"指定圆弧的端点或[角度(A)/弦长(L)："时，输入A并确定。

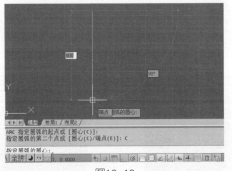

图16-19

4 输入圆弧所包含的角度为90，如图16-20所示；然后按下空格键结束圆弧的绘制，创建出平开门的效果，如图16-21所示。

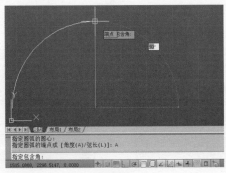

图16-20

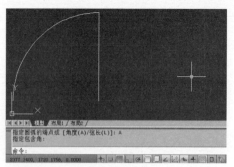

图16-21

实例2　绘制底面拼花图形　　AutoCAD 2013/2012/2011/2010

❶ 单击【绘图】工具栏中的【矩形】按钮，绘制一个正方形，如图16-22所示。

❷ 单击【绘图】工具栏中的【直线】按钮，绘制正方形的对角线，如图16-23所示。

图16-22

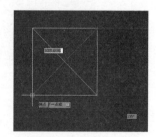

图16-23

❸ 单击【绘图】工具栏栏中的【圆弧】按钮，结合【对象捕捉】功能，绘制花纹图案，如图16-24所示。

❹ 绘制完成的效果，如图16-25所示。

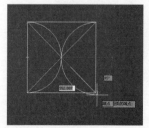

图16-24

图16-25

命令4　**创建多段线**

◎ 命令功能

使用【多段线(PLINE)】命令，可以创建相互连接的序列线段。执行【PLINE(PL)】命令后，系统将提示"指定下一点或[圆弧(A)/闭合(C)/半宽(H)/长度(L)/放弃(U)/宽度(W)]:"，其中各选项的含义介绍如下。

- 圆弧（A）：输入A，以绘制圆弧的方式绘制多段线。选择该选项后，系统将提示："指定圆弧的端点或[角度(A)/圆心(CE)/闭合(CL)/方向(D)/半宽(H)/直线(L)/半径(R)/第二点(S)/放弃(U)/宽度(W)]:"，在该提示下，用户可根据需要选择创建圆弧的方式。
- 闭合（CL）：选择该选项后，AutoCAD自动将多段线闭合，并结束多段线（PLINE）命令。
- 半宽（H）：用于指定多段线的半宽值，AutoCAD将提示用户输入多段线段的起点半宽值与终点半宽值。
- 长度（L）：指定下一段多段线的长度。
- 放弃（U）：输入该命令将取消刚刚绘制的一段多段线。
- 宽度（W）：输入该命令将设置多段线的宽度值。

◎ 命令格式

PLINE/PL

实例1　绘制带圆弧的多段线　　　　　AutoCAD 2013/2012/2011/2010

❶ 执行【PL】命令，在绘图区任意位置处单击鼠标指定多段线的起点。当系统提示"指定下一个点或[圆弧/半宽/长度/放弃/宽度]:"时，指定多段线的下一个点，如图16-26所示。

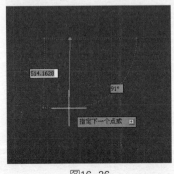

图16-26

2 当系统提示"指定下一个点或[圆弧/半宽/长度/放弃/宽度]:"时，输入A并确定，选择【圆弧】选项，如图16-27所示。

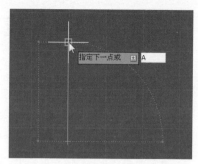

图16-27

3 然后向右移动光标指定圆弧的端点，如图16-28所示，此时系统将提示"[角度/圆心/闭合/方向/半宽/直线/半径/第二个点/放弃/宽度]:"时，输入L并确定，以选择【直线】选项，如图16-29所示。

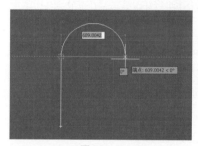

图16-28

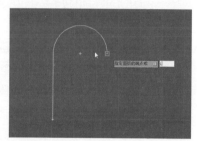

图16-29

4 向左移动光标继续指定多段线的下一个点，如图16-30所示；然后按下空格键即可结束多段线的绘制，效果如图16-31所示。

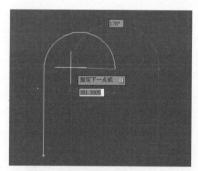

图16-30

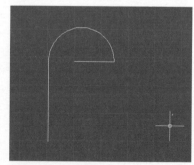

图16-31

 专家提示

AutoCAD将按照上以线段的方向绘制新的一段多段线。若上一段线是圆弧，将绘制出于圆弧相切的线段。

实例2　绘制箭头
AutoCAD 2013/2012/2011/2010

① 执行【PL】命令，在绘图区任意位置处单击鼠标指定多段线的起点。当系统提示"指定下一个点或[圆弧/半宽/长度/放弃/宽度]："时，向右指定多段线的下一个点，如图16-32所示。

图16-32

② 当系统提示"指定下一个点或[圆弧/半宽/长度/放弃/宽度]："时，输入H并确定，选择【半宽】选项，如图16-33所示。

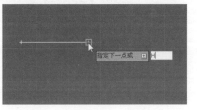

图16-33

③ 系统提示"指定起点半宽："时，输入起点的半宽值为2，如图16-34所示；然后输入端点的半宽值为0，如图16-35所示。

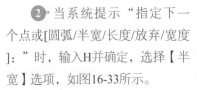

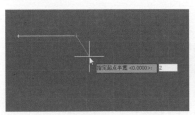

图16-34

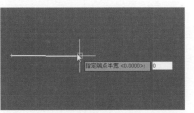

图16-35

④ 向左移动光标继续指定多段线的下一个点，如图16-36所示；绘制箭头效果，如图16-37所示。

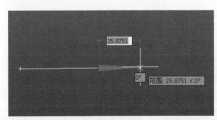

图16-36

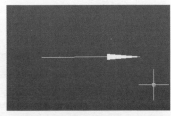

图16-37

专家提示

　　使用【PLINE】命令创建的多段线，提供了单个直线所不具备的编辑功能。例如，在AutoCAD中可以调整多段线的宽度和曲率。

命令5 编辑多段线

命令功能

　　输入并执行【PEDIT】命令，可以对绘制多段线进行编辑修改。输入并执行【PEDIT】命令后，选择要修改的多段线，系统将提示"输入选项[闭合(C)/合并(J)/宽度(W)/编辑顶点(E)/拟合(F)/样条曲线(S)/非曲线化(D)/线型生成(L):]"，其中各选项的含义介绍如下。

- 闭合（C）：用于创建闭合的多段线。
- 合并（J）：将直线段、圆弧或其他多段线连接到指定多段线。
- 宽度（W）：用于设置多段线的宽度。
- 编辑顶点（E）：用于编辑多段线的顶点。
- 拟合（F）：可以将多段线转换为通过定点的拟合曲线。
- 样条曲线（S）：可以使用样条曲线拟合多段线。
- 非曲线化（D）：删除在拟合曲线或样条曲线时插入的多余顶点，并拉直多段线的所有线段。保留指定给多段线定点的切向信息，用于随后的曲线拟合。
- 线型生成（L）：可以通过多段线定点的线设置成连续线型。

命令格式

PEDIT

实例1 拟合多段线
AutoCAD 2013/2012/2011/2010

　　执行【PEDIT】命令中的【拟合】选项，可将如图16-38所示的多段线变为如图16-39所示的形状。

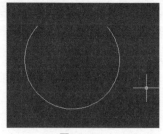

图16-38　　　　　　　　　　　　　图16-39

命令6　绘制样条曲线

🔘 命令功能

使用【样条曲线(SPLINE)】命令可以绘制各类光滑的曲线图形，这种曲线是由起点、终点、控制点及偏差来控制的。命令行中各选项含义介绍如下。

- 对象（O）：将一条由多段线拟合生成样条曲线。
- 闭合（C）：生成一条闭合的样条曲线。
- 拟合公差（F）：输入曲线的偏差值。值越大，曲线离指定的点越远；值越小，曲线离指定的点越近。
- 起点切向：指定样条曲线起始点处的切线方向。

🔘 命令格式

SPLINE/SPL

实例1　绘制流线型曲线　　　　　　　　AutoCAD 2013/2012/2011/2010

❶ 执行【SPLINE】命令，在绘图区任意位置指定样条曲线的第一个点，然后移动光标指定样条曲线的下一个点，如图16-40所示。

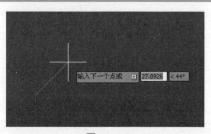

图16-40

② 当系统提示"指定下一点或[闭合/拟合公差]:"时，继续移动光标指定下一点，如图16-41所示。

③ 继续指定样条曲线的其他点，如图16-42所示；然后按下空格键进行确定，结束样条曲线绘制，如图16-43所示。

图16-41

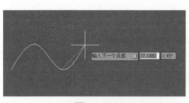

图16-42

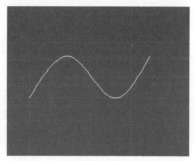

图16-43

命令7 编辑样条曲线

◎ 命令功能

输入并执行【编辑样条曲线(SPLINEDIT)】命令，可以对绘制的样条曲线进行编辑，如定义样条曲线的拟合数据，移动拟合点，以及将开放的样条曲线修改为连续闭合环等。

执行【编辑样条曲线(SPLINEDIT)】命令，选择编辑的样条曲线后，系统将提示"输入选项[拟合数据(F)/闭合(C)/移动顶点(M)/精度(R)/反转(E)/放弃(U)]:"，其中选项的含义介绍如下。

- 拟合数据（F）：用于编辑定义样条曲线的拟合点数据。
- 闭合（C）：如果选择打开的样条曲线，则闭合该样条曲线，使其在端点切向连续（平滑）。如果选择闭合的样条曲线，则打开该样条曲线。

- 移动顶点（M）：用于移动样条曲线的控制顶点并且清理拟合点。
- 精度（R）：用于精细地调整样条曲线。
- 反转（E）：用于反转样条曲线的方向，使起点和终点互换。
- 放弃（U）：用于放弃上一次操作。

◎ 命令格式

SPLINEDIT

实例1　编辑样条曲线　　　　AutoCAD 2013/2012/2011/2010 ◐

❶ 执行【SPLINEDIT】命令，选择绘制的曲线，在弹出的下拉菜单中选择【编辑顶点】选项，如图16-44所示。

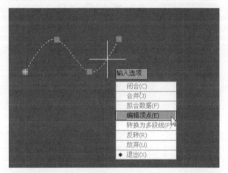

图16-44

❷ 拖动鼠标移动曲线的顶点；当系统继续提示"指定新位置或[下一个/上一个/选择点/退出]："时，输入X并确定，退出操作，如图16-45所示。

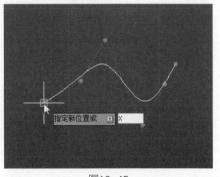

图16-45

❸ 在弹出的下拉菜单中选择【退出】选项，结束样条曲线的编辑，如图16-46所示，完成效果图如图16-47所示。

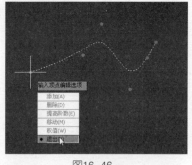

图16-46

图16-47

命令8 绘制多线

◎ 命令功能

使用【多线（MLINE）】命令，可以绘制多条相互平行的线，而且每条线的颜色和线型可以相同，也可以不同，而其线宽、偏移、比例、样式和端头交接方式，都可以用MLINE和MLSTYLE命令控制。

执行【MLINE(ML)】命令后，系统将提示"指定起点或[对正(J)/比例(S)/样式(ST)]:"，其中各选项的含义如下。

- 对正（J）：用于控制多线相对于用户输入端点的偏移位置。
- 比例（S）：该选项控制多线比例。用不同的比例绘制，多线的宽度不一样。负比例将偏移顺序反转。
- 样式（ST）：该选项用于定义平行多线的线性。在"输入多线样式名或[?]"提示后输入已定义的线型名。而输入[?]，则可以以列表的方式显示当前图中已有的平行多线样式。

在绘制多线的过程中，选择【对正(J)】选项后，系统将继续提示："输入对正类型[上(T)/无(Z)/下(B)]＜下＞:"，其中各选项含义如下。

- 上（T）：多线上顶端的线将随着光标进行移动。
- 无（Z）：多线的中心线将随着光标点移动。
- 下（B）：多线上最底端的线将随着光标点移动。

◎ 命令格式

MLINE/ML

实例1 绘制多线

AutoCAD 2013/2012/2011/2010

❶ 执行【ML】命令，当系统提示"指定起点或[对正/比例/样式]："时，输入S并确定，选择【比例】选项，如图16-48所示。

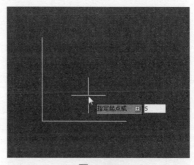

图16-48

❷ 输入多线比例为120，然后进行确定，如图16-49所示；当系统继续提示"指定起点或[对正/比例/样式]："时，输入J并确定，选择【对正】选项，如图16-50所示。

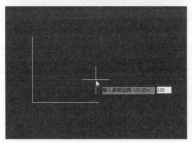

图16-49

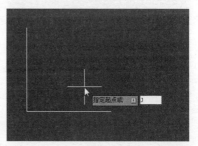

图16-50

❸ 当系统提示"输入对正类型[上/无/下]："时，输入Z并确定，设置多线的对正比例为【无】，如图16-51所示。

❹ 当系统继续提示"指定起点或[对正/比例/样式]："时，在如图16-52所示的位置指定多线的起点。

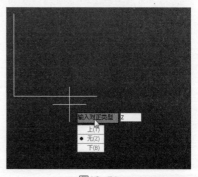

图16-51

第16章

第17章

第18章

第19章

第20章

⑤ 向下指定多线下一点，如图16-53所示；继续向右指定多线的端点，然后按下空格键进行确定，绘制多线如图16-54所示。

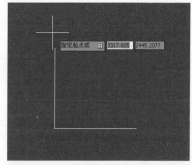

图16-52

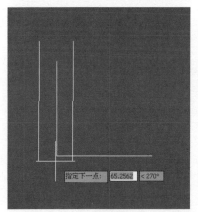

图16-53

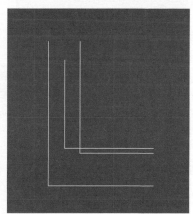

图16-54

专家提示

使用【多线】命令可以绘制由直线段组成的平行多线，但是不能绘制弧形的平行线。通过MLINE命令绘制的平行线，可以用EXPLODE命令将其分解成单个独立的线段。

命令9 加载多线样式

◎ 命令功能

使用MLSTYLE命令，可以控制多线的线型、颜色、线宽、偏移等特性。输入并执行该命令后，将打开【多线样式】对话框。

◎ 命令格式

MLSTYLE

实例1 创建多线样式

AutoCAD 2013/2012/2011/2010

打开【多线样式】对话框如图16-55所示，在对话框中的【样式】区域列出了目前存在的样式，在预览区域中显示了所选样式的多线效果，单击【新建】按钮，打开【创建新的多线样式】对话框，在新样式名文本框中输入新的样式名称，如图16-56所示。

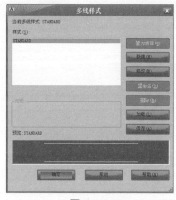

图16-55

图16-56

实例2 新建多线样式

AutoCAD 2013/2012/2011/2010

单击【继续】，即可在打开的【新建多线样式】对话框中对多线的封口样式、颜色、偏移和线型等特性进行设置，如图16-57所示。

图16-57

实例3　修改多线样式　　AutoCAD 2013/2012/2011/2010

如果要对已有的多线样式进行修改，可以在【多线样式】对话框中选中需要修改的样式，然后单击【修改】按钮，即可在打开的【修改多线样式】对话框中对其样式进行修改，如图16-58所示。

图16-58

命令10　编辑多线

◎ 命令功能

输入并执行【MLEDIT】命令，打开【多线编辑工具】对话框，在该对话框中提供了多线的12种多线编辑工具。

◎ 命令格式

MLEDIT

实例1　打开多线编辑工具　　AutoCAD 2013/2012/2011/2010

输入【MLEDIT】命令按空格键进行确定，将打开【多线编辑工具】对话框，如图16-59所示。

图16-59

实例2 修改多线形状
AutoCAD 2013/2012/2011/2010

1 修改如图16-60所示的多线形状，执行【MLEDIT】命令，打开【多线编辑工具】对话框，然后选择【T形打开】选项，如图16-61所示。

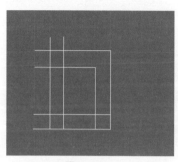

图16-60

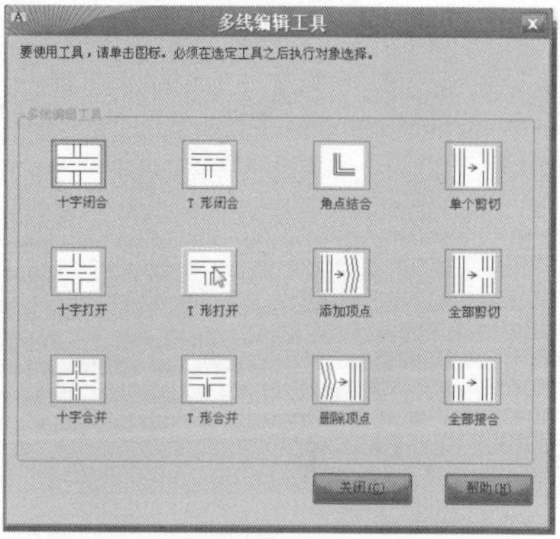

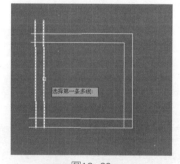

图16-61

2 进入绘图区选择如图16-62所示的多线作为第一条多线，然后选择如图16-63所示的多线作为第二条多线，对多线进行修改后的效果，如图16-64所示。

图16-62

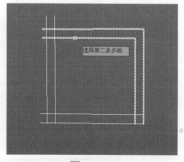

图16-63

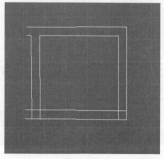

图16-64

③ 继续执行【MLEDIT】命令，在打开的【多线编辑工具】对话框中，选择【角点结合】选项，如图16-65所示。

图16-65

④ 进入绘图区选择如图16-66所示的多线作为第一条多线，选择如图16-67所示的多线作为第二条多线，对多线修改修改后的效果如图16-68所示。

⑤ 继续执行【MLEDIT】命令，在打开的【多线编辑工具】对话框中，选择【T形打开】选项，然后对在下方的交叉图形进行修改，修改后的效果如图16-69所示。

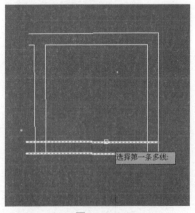

图16-66

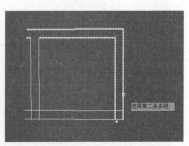

图16-67

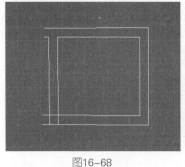

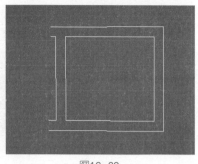

图16-68　　　　　　　　　　　图16-69

命令11　绘制圆环

命令功能

使用【圆环(DONUT)】命令可以绘制一定宽度的空心圆环或实心圆，使用【圆环(DONUT)】命令在绘制完一个圆环后，"圆环的中心点："提示会不断出现，从而可以继续绘制多个相同圆环，直到按下结束为止。

命令格式

DONUT

实例1　绘制一个内径为5、外径为8的圆环图形

AutoCAD 2013/2012/2011/2010

❶ 输入并执行【DO】命令，当系统提示"指定圆环的内径："时，设置圆环的内径大小为5，如图16-70所示。

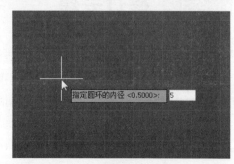

图16-70

② 当系统提示"指定圆环的外径："时，设置圆环的外径大小为8，如图16-71所示。

③ 当系统提示"指定圆环的中心点或＜退出＞："时，在绘图区指定圆环的中心点，如图16-72所示；然后按下空格键确定，创建的圆环如图16-73所示。

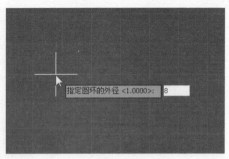

图16-71

图16-72

图16-73

专家提示

使用DONUT命令绘制的圆环实际上是多段线，因此可以用PEDIT命令的【宽度】选项修改圆环的宽度，使用DONUT命令生成的图形可以被修剪。

命令12 修订云线

命令功能

修订云线是一类特殊的线条，它的形状类似于云朵，主要用于突出显示图纸中已修改的部分。其组成参数包括多个控制点、最大弧长和最小弧长。

命令格式

REVCLOUD

实例1　直接绘制修订云线

AutoCAD 2013/2012/2011/2010

1 输入并执行【REVCLOUD】命令，当系统提示"指定起点："时，在绘图区单击鼠标左键开始绘制，如图16-74所示。

图16-74

2 当系统提示"沿云线路经引导十字光标："时，在绘图区移动光标进行绘制修订云线，如图16-75所示。

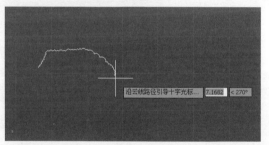

图16-75

3 当终点靠近起点时，则自动完成封闭。云线中圆弧的方向会随着路经的凹凸性自动地发生改变，完成绘制效果如图16-76所示。

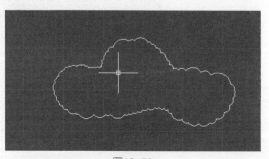

图16-76

第16章

第17章

第18章

第19章

第20章

实例2　转换对象

1 输入并执行【REVCLOUD】命令，当系统提示"指定起点："时，输入【O】键并回车，如图16-77所示。

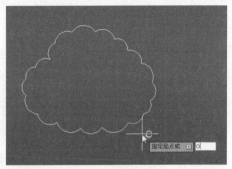

图16-77

2 回车后，系统将提示"选择对象"，然后选择要转换的对象，如图16-78所示。

图16-78

3 这时系统将提示"反转方向："选择是（Y）选项，如图16-79所示。

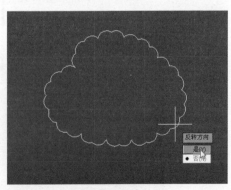

图16-79

④ 完成反转对象操作后的效果，如图16-80所示。

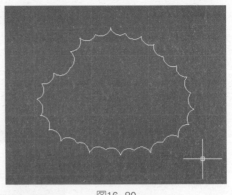

图16-80

实例3 设定弧长

AutoCAD 2013/2012/2011/2010

① 输入并执行【REVCLOUD】命令，当系统提示"指定起点："时，输入【A】键并确定，如图16-81所示。

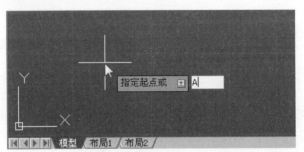

图16-81

② 系统将提示"指定最小弧长："，设置最小弧长的数值，如图16-82所示。

图16-82

③ 这时系统将提示"指定最大弧长："时输入最大弧长的数值，如图16-83所示。

图16-83

④ 系统将继续提示"指定起点："，这时将可以开始修订云线的绘制，此时绘制的最大弧长和最小弧长将是被设定的数值，如图16-84所示。

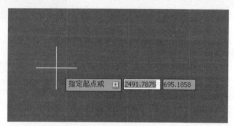

图16-84

实例4　设定修订云线的样式　AutoCAD 2013/2012/2011/2010

　　输入并执行【REVCLOUD】命令，当系统提示"指定起点："时，输入【S】键并确定，系统将提示"选择圆弧的样式："选择手绘（C）选项，即可绘制手绘样式的修订云线，【普通】修订云线样式如图16-85所示，【手绘】修订云线样式如图16-86所示。

图16-85

图16-86

命令13　徒手画图

🎯 命令功能

徒手画图命令是【SKETCH】常用于绘制剖面线等不规则的曲线。执行该命令后，在需要绘制的曲线的起点处单击鼠标，系统进入笔落状态，此时移动光标，屏幕上以绿色高亮显示沿轨迹生成的曲线。到终点处再次单击鼠标，系统进入笔提状态，绘制结束。可以连续绘制多条草图曲线。

🎯 命令格式

SKETCH

实例1　执行徒手绘制操作　　　AutoCAD 2013/2012/2011/2010

输入并执行【SKETCH】命令，当系统提示"指定草图或："时，如图16-87所示，在绘图区单击鼠标左键开始绘制，如图16-88所示。

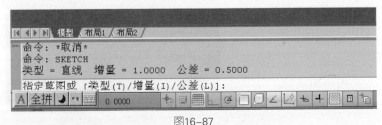

图16-87

第16章　第17章　第18章　第19章　第20章

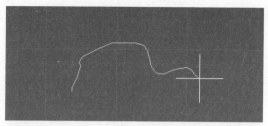

图16-88

综合应用实例 绘制洗手盆图形

本例将介绍在AutoCAD中绘制洗手盆的平面图，本例将运用到【直线】、【椭圆】、【偏移】和【圆】等多个常用命令。

① 输入并执行【直线（L）】命令，绘制一个长为520的水平直线，再绘制一条长为420的垂直线段，如图16-89所示。

图16-89

② 输入并执行【偏移（O）】命令，当系统提示"指定偏移距离或："时，设置偏移距离为30，如图16-90所示。

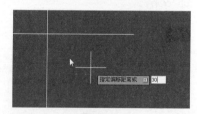

图16-90

③ 当系统提示"选择要偏移的对象："时，选择水平直线作为要偏移的线段，如图16-91所示。

图16-91

④ 将其向下偏移，复制得到第二条水平直线，如图16-92所示。

图16-92

⑤ 继续输入并执行【偏移（O）】命令，将上方水平线段向上偏移140，如图16-93所示。

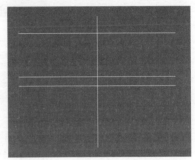

图16-93

⑥ 然后用同样的方法将垂直线段分别向左右各偏移240，如图16-94所示。

⑦ 输入并执行【椭圆（EL）】命令，当系统提示"指定椭圆的轴端点或："时，输入C并确定，选择【中心点（C）】选项，如图16-95所示。

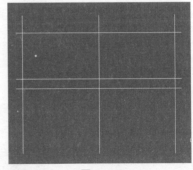

图16-94

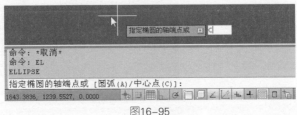

图16-95

第16章

第17章

第18章

第19章

第20章

8 当系统提示"指定
椭圆的中心点:"时,指定
椭圆的中心点,单击鼠标确
定,如图16-96所示。

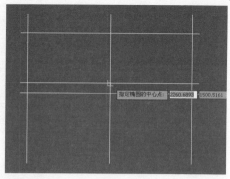

图16-96

9 当系统提示"指定
轴的端点:"时,指定椭圆
轴的端点,如图16-97所示。

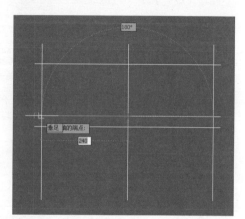

图16-97

10 当系统提示"指定
另一条半轴长度:"时,指
定另一条半轴,创建椭圆,
如图16-98所示。

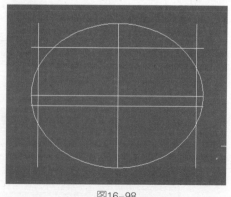

图16-98

⑪ 继续执行【椭圆（EL）】命令，当系统提示"指定椭圆的轴端点："时，指定椭圆的轴端点，如图16-99所示。

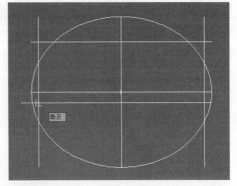

图16-99

⑫ 当系统提示"指定轴的另一个端点："时，指定轴点另一个端点，如图16-100所示。

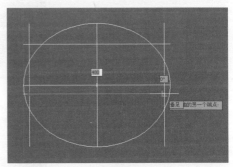

图16-100

⑬ 当系统提示"指定另一条半轴长度："时指定另一条半轴长度如图16-101所示，创建椭圆效果如图16-102所示。

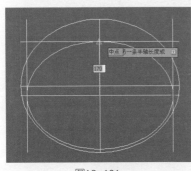

图16-101

图16-102

⑭ 输入并执行【圆（C）】命令，在如图16-103所示的位置指定圆心。

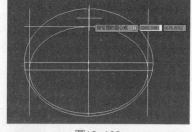

图16-103

⑮ 然后绘制一个小圆，如图16-104所示。

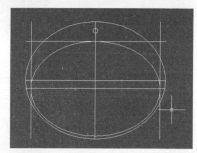

图16-104

⑯ 继续使用【圆（C）】命令绘制3个稍大的圆形，如图16-105所示。

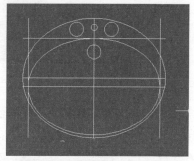

图16-105

⑰ 执行【删除（E）】命令，选择辅助线对象，然后将其删除，完成面盆的绘制，效果如图16-106所示。

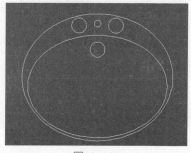

图16-106

第 *17* 章

填充图案

对于初学者而言，可能会认为AutoCAD绘制的图形只是简单的线条图形，无法直观地展现图形所表达的内容。其实并非如此，在AutoCAD中可以使用图案填充的功能来区别不同形体的各个组成部分，从而直观地表达图形所表达的内容。

命令1 创建面域

◉ 命令功能

要建立面域对象，首先要存在封闭图形，在创建好封闭对象后，可以使用【REGION】命令建立面域。输入并执行【REGION】命令，在绘图区中选择一个或多个封闭对象，或者组成封闭区域的多个对象。选择需要创建为面域的图形后，按下空格键进行确定，即可将选择的对象转换为面域对象。

◉ 命令格式

REGION

实例1　创建面域 AutoCAD 2013/2012/2011/2010

创建面域对象后，将在命令行中显示以创建面域图形的提示，如图17-1所示。将鼠标指针移向面域对象时，将显示该面域的属性，如图17-2所示。

图17-1

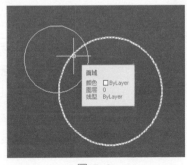

图17-2

命令2 编辑面域

◉ 命令功能

在系统中创建好面域后，可以对面域进行并集、差集、交集3种不同运算，通过不同的组合来创建复杂的新面域。

◎ 命令格式

UNION

实例1　并集运算【UNION】　AutoCAD 2013/2012/2011/2010 ◉

❶ 输入并执行【UNION】命令，然后选择第一个要并集对象，如图17-3所示。

❷ 选择第二个要并集对象，如图17-4所示。然后按下空格键进行确定，并集运算面域的效果如图17-5所示。

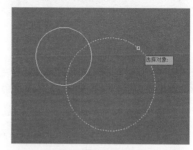

图17-3

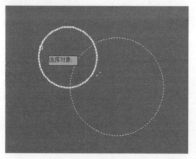

图17-4

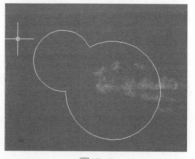

图17-5

实例2　差集运算【SUBTRACT】　AutoCAD 2013/2012/2011/2010 ◉

❶ 输入并执行【SUBTRACT】命令，然后选择作为差集运算的源对象，如图17-6所示。

❷ 选择要减去的对象，如图17-7所示。然后按下空格键进行确定，差集运算面域的效果如图17-8所示。

图17-6

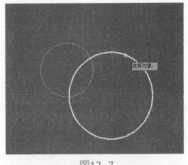

图17-7

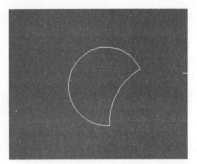

图17-8

实例3　交集运算【INTERSECT】　AutoCAD 2013/2012/2011/2010

　　输入并执行【INTERSECT】
命令，选择要进行交集运算的两个
面域图形，然后按下空格键进行确
定，交集运算面域的效果如图17-9
所示。

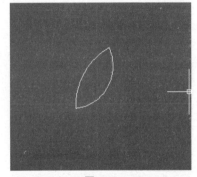

图17-9

命令3　填充图案

⚐ 命令功能

　　使用【图案填充(BHATCH)】命令可以对图形进行图案填充操作。
在系统中，图案填充通常用来区分工程的部件或用来表现组成对象的材
质，使图形看起来更加清晰，更加具有表现力。

　　对图形进行图案的填充，可以使用预定义的填充图案，或者使用当
前的线型定义简单的直线图案，或者创建更加复杂的填充图案。输入并
执行【BHATCH(H)】命令后，将打开【图案填充创建】界面。

◎ 命令格式

BHATCH /H

实例1　普通填充

AutoCAD 2013/2012/2011/2010

用普通填充方式填充如图17-10所示的图形，是从最外层的外边界向内边界填充，即第一层填充，第二层不填充，如此交替进行填充，直到选定边界填充完毕，如图17-11所示。

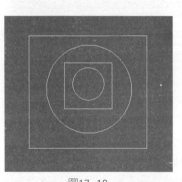

图17-10

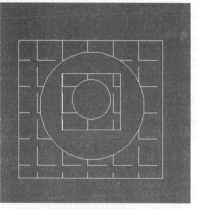

图17-11

实例2　外部填充

AutoCAD 2013/2012/2011/2010

该方式只填充从最外边界向内第一边界之内的区域，如图17-12所示。

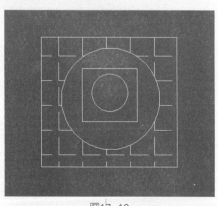

图17-12

实例3　忽略填充

AutoCAD 2013/2012/2011/2010

　　该填充方式将忽略最外层边界包含的其他任何边界，从最外层边界向内填充全部图形，如图17-13所示。

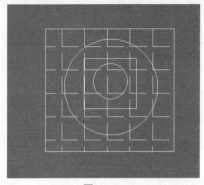

图17-13

命令4　渐变色

⚫ 命令功能

　　【渐变色】选项用于定义要应用渐变填充的图形。单击【选项】工具栏中的下拉按钮，打开【图案填充和渐变色】对话框，然后单击选项卡下方更多选项按钮 > ，将隐藏部分打开，选择【渐变色】如图17-14所示。

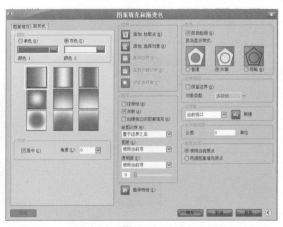

图17-14

命令5 设置填充图案

命令功能

在【图案填充和渐变色】对话框中，提供了3种类型的图案，包括预定义、自定义和用户定义。

定义填充图案的区域后，返回到【图案填充和渐变色】对话框中，单击【图案】下拉列表右方的…按钮，将打开【填充图案选项板】对话框，在该对话框中可以选择不同的图案样式，如图17-15所示。

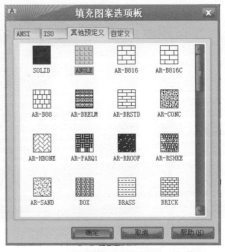

图17-15

综合应用实例 填充电视背景墙

本例将介绍在AutoCAD中为电视背景墙进行图案填充，将运用到【图案填充（H）】命令，介绍了图案类型设置、填充对象的选择等。

❶ 为如图17-16所示的电视背景墙进行图案的填充。

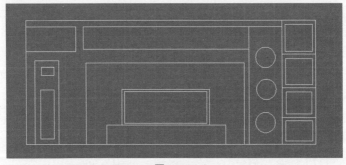

图17-16

②输入并执行【图案填充（H）】命令，打开【图案填充和渐变色】对话框，设置类型为【自定义】，设置间距为20，如图17-17所示。

图17-17

③单击对话框中的【拾取一个内部点】按钮，然后在绘图区选择要填充的区域，如图17-18所示。

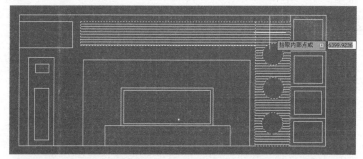

图17-18

④输入并执行【多段线（PL）】命令，然后在绘图区绘制一条多段线，如图17-19所示。

⑤输入并执行【H】命令，打开【图案填充和渐变色】对话框，单击【样例】预览窗口，打开【填充图案选项板】对话框，选择【ANSI37】样例，选择填充多段线区域，如图17-20所示。

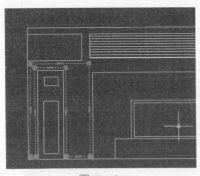
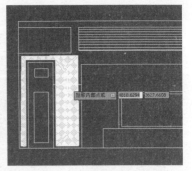

图17-19   图17-20

⑥ 双击填充的图案，打开【图案填充编辑】对话框，将比例设置为12，效果如图17-21所示。

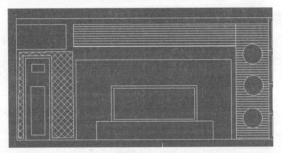

图17-21

⑦ 用同样的方法填充电视墙中间处的图案，选择图案样例，如图17-22所示。

图17-22

⑧ 填充后的效果，如图17-23所示。

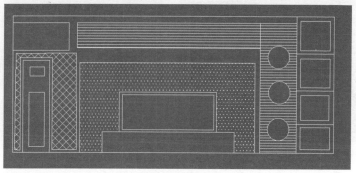

图17-23

⑨ 用同样的方法为其他图形区域进行填充，完成电视背景墙的图案填充操作，效果如图17-24所示。

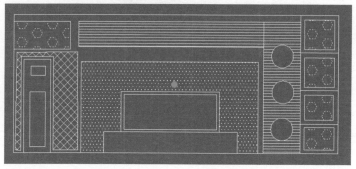

图17-24

第 *18* 章

图形属性分析

在AutoCAD中，用户可以使用相应的命令和功能对图形的属性进行分析操作，其中包括查询点的坐标，测量点与点之间的距离、图形的周长和面积，以及分析图形的其他属性。

命令1 查询坐标

命令功能

使用【ID】命令可以测量点的坐标。输入并执行【ID】命令后，将列出指定点的x、y和z值，并将指定点的坐标存储为上一点坐标。可以通过在输入点的下一步提示输入【@】符号来引用上一点。

命令格式

ID

实例1 查询圆心坐标 AutoCAD 2013/2012/2011/2010

输入并执行【ID】命令，然后在需要查询坐标的点位置上单击鼠标，如图18-1所示。即可测出该点的坐标，如图18-2所示。

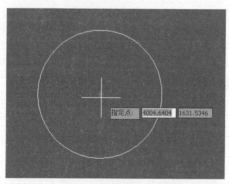

图18-1

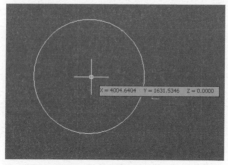

图18-2

命令2 测量距离

命令功能

执行【DIST（DI）】命令，可以计算系统中真实的三维距离。xy平面中的倾角相对于当前x轴，与xy平面的夹角相对于当前zy平面。如果忽略z轴的坐标值，用DIST命令计算的距离将采用第一点或第二点的当前距离。

命令格式

DIST /DI

实例1 查询矩形对角线两点之间的距离 AutoCAD 2013/2012/2011/2010

❶ 输入并执行【DI】命令，在矩形的左上角单击鼠标指定测量对象的起点，如图18-3所示。

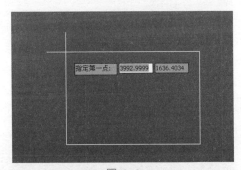

图18-3

❷ 在矩形的右下角单击鼠标指定测量对象的终点，如图18-4所示，测量完成后，系统将显示测量的结果，如图18-5所示。

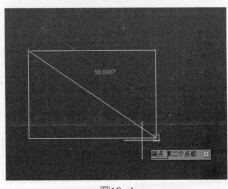

图18-4

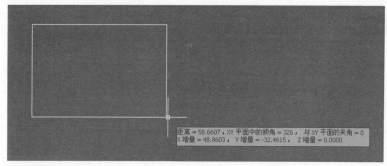

图18-5

命令3 测量面积与周长

◉ 命令功能

在系统中，用户可以使用查询面积和周长的方法测量出图形的面积和周长。用户可以测量出指定对象的面积和周长，也可以测量指定区域的面积和周长。

◉ 命令格式

AREA

实例1 查询对象面积和周长 AutoCAD 2013/2012/2011/2010 ◉

① 输入并执行【AREA】命令，当系统提示"指定第一个角点或[对象/增加面积/减少面积/退出]："时，输入O，并按下空格键以选择【对象】选项，如图18-6所示。

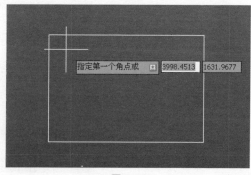

图18-6

② 当系统提示"选择对象："时，选择要测量的对象，系统将显示测量结果，包括对象的面积和周长，如图18-7所示。

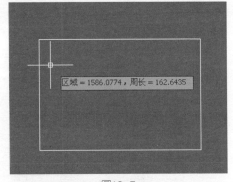

图18-7

实例2　查询区域面积和周长　　　AutoCAD 2013/2012/2011/2010

① 测量区域面积和周长时，需要一次指定构成区域的角点，输入并执行【AREA】命令，当系统提示"指定第一个角点或[对象/增加面积/减少面积/退出]："时，指定区域第一个角点，如图18-8所示，系统将提示"指定下一个点或[圆弧/长度/放弃]："时，然后指定区域的第二个角点，如图18-9所示。

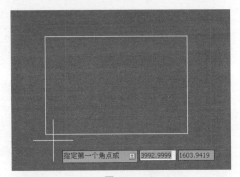

图18-8

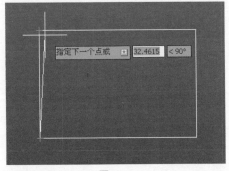

图18-9

❷ 系统继续提示"指定下一个点或[圆弧/长度/放弃]: ",然后指定区域的第三个角点,如图18-10所示。如果还需要指定区域的其他角点,用户可以继续指定其他角点,完成角点的指定后,按下空格键进行确定,系统将显示指定区域的面积和周长,如图18-11所示。

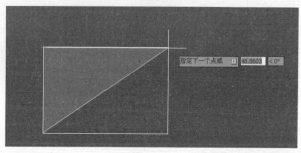

图18-10

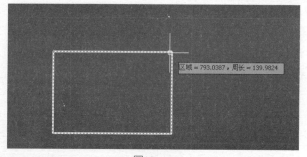

图18-11

命令4 详细分析

命令功能

在系统中,通过【质量特征(LIST)】命令,可以快速查询图形的详细信息,其中包括面域的周长、面积、边界线、质心、惯性矩、惯性积、旋转半径等。

命令格式

LIST

实例1　详细分析图形 AutoCAD 2013/2012/2011/2010

　　输入并执行【LIST】命令，当系统提示"选择对象"时，选择需要查询的对象，如图18-12所示。然后按下空格键确定即可弹出【文本窗口】对话框，在该对话框中显示对象的相关信息，如图18-13所示。

图18-12

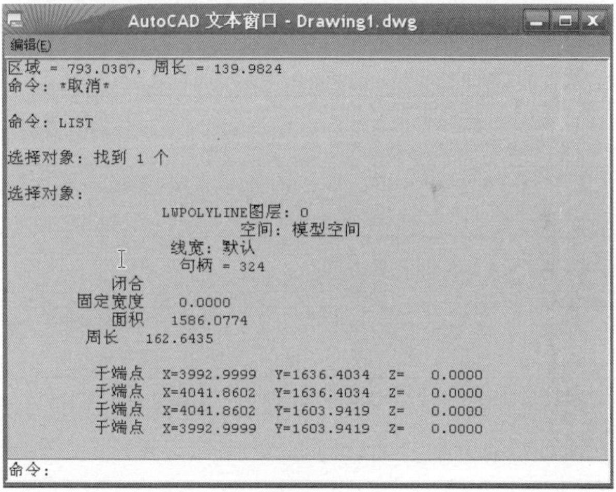

图18-13

读书笔记

第 *19* 章

图块和外部块

在AutoCAD中，图块类似于图形的组合，将对象保存为块形式，这样可以在下次工作中直接插入这些块对象，从而提高绘图效率。

命令1 创建图块

◎ 命令功能

使用【BLOCK（B）】命令可将单独的对象组合在一起，储存在当前图形文件内部。用户可以对其进行移动、复制、缩放或旋转等操作。在绘制出需要创建的图形后，输入并执行BLOCK/B命令，将打开【块定义】对话框。

◎ 命令格式

BLOCK/B

实例1　对图形进行块定义的操作　AutoCAD 2013/2012/2011/2010

❶ 输入并执行【BLOCK】命令，然后按下空格键进行确定，打开【块定义】对话框，在【名称】文本框中输入【图形1】名称，如图19-1所示。

图19-1

❷ 单击【选择对象】按钮进入绘图区，然后选取要组成块的图形实体，如图19-2所示。

❸ 按下空格键返回【块定义】对话框，可以预览块的效果，然后单击【拾取点】按钮，如图19-3所示。

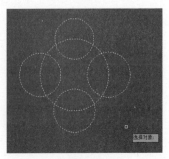

图19-2

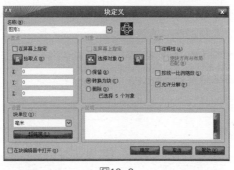

图19-3

④ 进入绘图区选择块的基点位置，如图19-4所示，然后返回【块定义】对话框中单击【确定】按钮，完成块定义的操作，将鼠标指向图形时，将显示图形的属性，如图19-5所示。

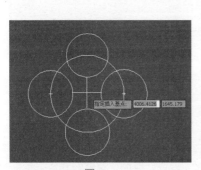

图19-4

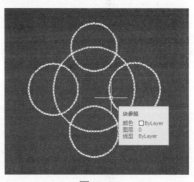

图19-5

专家提示

在定义块对象时，应指定块的基点位置，在出入该块的过程中，就可以围绕基点旋转；旋转角度为0的块，将根据创建时使用的UCS定向。如果输入的是一个三维基点，则按照指定标高插入块。

命令2 创建外部块

命令功能

利用【WBLOCK（W）】命令可以创建外部图形文件，并将此文件

第16章

第17章

第18章

第19章

第20章

保存为块对象插入到其他图形中。单个图形文件作为块定义源，容易创建块和管理块，系统的符号集也可作为单独的图形文件储存并编组到文件夹中，如果利用【WBLOCK（W）】命令定义的图块是一个独立存在的图形文件，那么该图块被称为外部块。

命令格式

WBLOCK/W

实例1 将图形定义为外部快的操作 AutoCAD 2013/2012/2011/2010

❶ 输入并执行【WBLOCK】命令，打开【写块】对话框，然后单击【选择对象】按钮，如图19-6所示。

❷ 在绘图区中选取要组成外部块的图形，如图19-7所示，然后按下空格键返回【写块】对话框。

❸ 单击【写块】对话框中文件名和路径列表框右方的【浏览】

图19-6

按钮，打开【浏览图形文件】对话框，设置好块的保存路径和块名称，如图19-8所示。

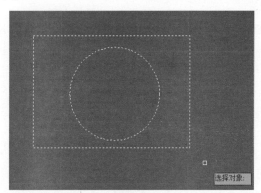

图19-7

图19-8

④ 单击【保存】按钮，返回【写块】对话框，单击【拾取点】按钮，进入绘图区指定块的基点位置，如图19-9所示。

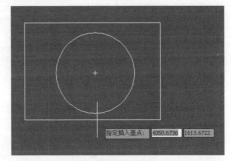

指定插入基点： 4050.6736 1613.6722

图19-9

⑤ 返回【写块】对话框，设置插入单位为【毫米】，如图19-10所示，然后单击【确定】按钮，即可完成定义外部块的操作。

图19-10

AutoCAD | 211

命令3 直接插入块

命令功能

使用【INSERT(I)】命令可以一次插入一个块对象。输入并执行【INSERT(I)】命令，将打开【插入】对话框。

命令格式

INSERT/I

实例1 插入图形
AutoCAD 2013/2012/2011/2010

❶ 输入并执行【INSERT】命令，打开【插入】对话框，然后选择要插入的图形，如图19-11所示。

图19-11

❷ 单击【确定】按钮，在绘图区指定插入点，如图19-12所示，插入效果如图19-13所示。

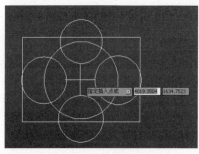

图19-12

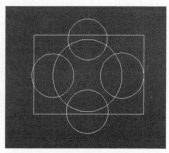

图19-13

命令4 阵列插入块

命令功能

用【MINSERT】命令可以将图块以矩阵复制方式插入当前图形中，并将插入的矩阵视为一个实体。在建筑设计中常用此命令插入室内柱子和灯具等对象。

命令格式

MINSERT

实例1 阵列插入图形 AutoCAD 2013/2012/2011/2010

① 输入并执行【MINSERT】命令，当系统提示"输入块名："时，输入要插入的图块名称"1"，如图19-14所示，然后按下【Enter】键进行确定。

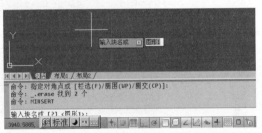

图19-14

② 当系统提示"指定插入点或[基点/比例/X/Y/Z/旋转]："时，指定插入图块的位置，如图19-15所示。

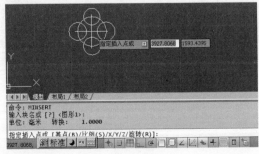

图19-15

③ 当系统提示"输入X比例因子，指定对角点，或[角点/XYZ]："时，设置X比例因子为1，如图19-16所示。

图19-16

④ 当系统提示"输入Y比例因子或＜使用X比例因子＞："时，直接进行确定，如图19-17所示；当系统提示"指定旋转角度："时，设置插入图块的旋转角度为0°，如图19-18所示。

图19-17

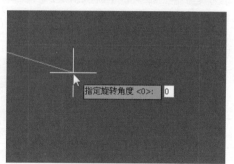

图19-18

⑤ 当系统提示"输入行数(---)："时，设置行数为3，如图19-19所示；当系统提示"输入列数（‖）"时，设置列数为4，如图19-20所示。

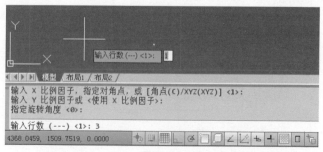

图19-19

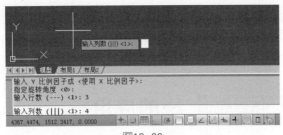

图19-20

⑥ 当系统提示"输入行间距或指定单位单元(---):"时，根据图形大小设置行间距为100，如图19-21所示；然后设置间距也为100，如图19-22所示。

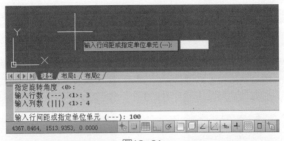

图19-21

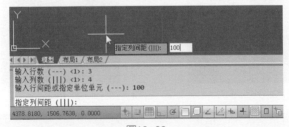

图19-22

⑦ 按下空格键进行确定，完成阵列插入图形\图块的操作，效果如图19-23所示。

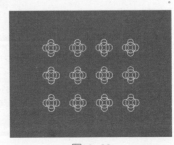

图19-23

专家提示

执行MEASURE命令，可以在图形上等距地插入图块；执行DIVIDE命令，可以实现通过沿对象的长度或周长等分插入图块。

综合应用实例 块的应用

本例将介绍在AutoCAD中为图形插入块的方式，本例将运用到【直线】、【圆弧】、【写块】、【插入】等多个常用命令。

1 输入并执行【直线（L）】命令，在绘图区绘制一条直线，如图19-24所示。

2 输入并执行【圆弧（A）】命令，当系统提示"指定圆弧的起点："时，在线段的上方指定圆弧的起点，如图19-25所示。

图19-24

图19-25

3 当系统提示"指定圆弧的第二个点或："时，输入C，然后进行确定，选择【圆心（C）】选项，然后在线段的下端指定圆心，如图19-26所示。

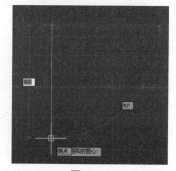

图19-26

④ 当系统提示"指定圆弧的端点或："时，输入【A】，然后进行确定，现在【角度（A）】选项，指定包含的角度为90，如图19-27所示。

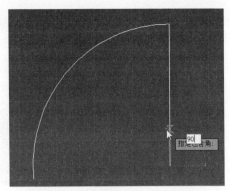

图19-27

⑤ 完成圆弧操作，绘制好门形图案，效果如图19-28所示。

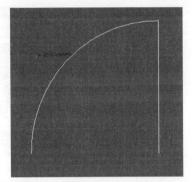

图19-28

⑥ 输入并执行【写块（WBLOCK）】命令，打开【写块】对话框，如图19-29所示。

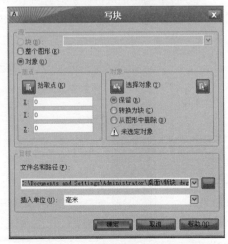

图19-29

⑦ 单击【选择对象】
按钮，进入绘图区选择创
建好的门图形，如图19-30
所示。

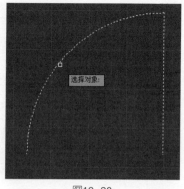

图19-30

⑧ 按下空格键进行确
定，返回【写块】对话框，
单击【拾取点】按钮，进入
绘图区选择插入的基点，如
图19-31所示。

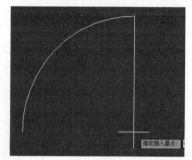

图19-31

⑨ 按下空格键进行确定，返回【写块】对话框中，单击【文件名
和路径】下拉列表右侧的按钮，打开【浏览图形】对话框，设置保存块
的位置和名称，如图19-32所示。

图19-32

⑩ 单击【保存】按钮，返回【写块】对话框中，单击【插入单位】下拉列表右侧的箭头按钮，在弹出的列表框中选择【毫米】选项，如图19-33所示，然后进行确定。

图19-33

⑪ 打开需要进行插入门图形的房型平面图，如图19-34所示。

⑫ 输入并执行【插入（I）】命令，在打开的【插入】对话框中单击【浏览】按钮，打开【选择图形文件】对话框，如图19-35所示。

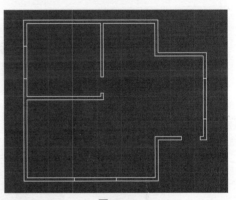

图19-34

图19-35

⓭ 在打开的【选择图形文件】对话框中选择前面创建好的【门】图块，然后将其打开，如图19-36所示。

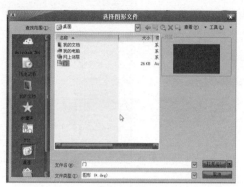

图19-36

⓮ 返回【插入】对话框，单击【确定】按钮进入绘图区，然后指定插入点的位置，如图19-37所示。

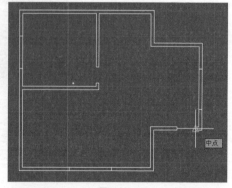

图19-37

⓯ 结合【直线（L）】和【圆弧（A）】命令，绘制另一个门图形，如图19-38所示。

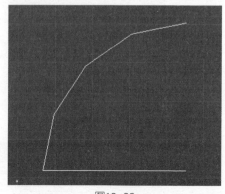

图19-38

16 执行【写块】命令，打开【写块】对话框，然后在【文件名和路径】下拉列表中设置好保存块的路径和文件名，如图19-39所示。

图19-39

17 单击【选择对象】按钮，进入绘图区选择刚才创建的门图形，然后进行确定返回【写块】对话框中，单击【拾取点】按钮，进入绘图区选择指定插入的基点，效果如图19-40所示，然后进行确定。

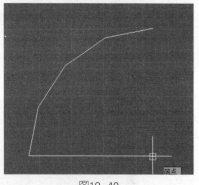

图19-40

18 执行【插入（I）】命令，打开【插入】对话框，在【名称】列表框中选择创建的【新门】图块，图19-41所示。

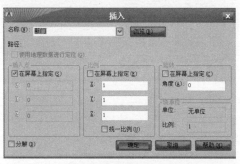

图19-41

第16章　第17章　第18章　第19章　第20章

⑲ 返回【插入】对话框，单击【确定】按钮进入绘图区，然后指定插入点的位置，如图19-42所示。

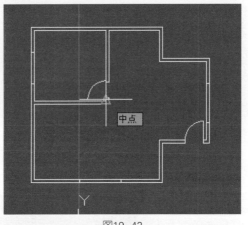

图19-42

⑳ 完成插入块的操作，为房型图添加了门的图形，效果如图19-43所示。

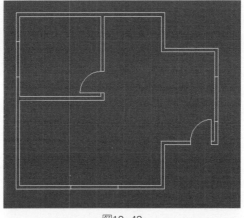

图19-43

第 *20* 章

尺寸标注

AutoCAD默认的标注格式是STANDARD，用户也可以根据有关规定及所标注图形的具体要求，对尺寸标注格式进行设置。

命令1 认识尺寸标注

🎯 命令功能

在进行尺寸标注之前,用户应该根据需要先创建标注样式。标注样式可以控制标注的格式和外观,使整体图形更加容易识别和理解。一般情况下,尺寸标注由尺寸界限、尺寸线、尺寸文本、尺寸箭头、圆心标记组成。

- 尺寸线:在图形中使用尺寸来标注距离或角度。在预设状态下,尺寸线位于两个尺寸界线之间,尺寸线的两端有两个箭头,尺寸文本沿着尺寸线显示。

- 尺寸界线:尺寸界线是由测量点引出的延伸线。通常尺寸界线用于直线型及角度型尺寸的标注。在预设状态下,尺寸界线与尺寸线是互相垂直的,用户也可以将它改变为所需的角度。AutoCAD可以将尺寸界线隐藏起来。

- 尺寸箭头:箭头位于尺寸线与尺寸界线相交处,表示尺寸线的终止端。在不同的情况下通常使用不同样式的箭头符号来表示。在AutoCAD中,可以用箭头、短斜线、开口箭头、圆点及自定义符号来表示尺寸的终止。

- 尺寸文本:尺寸文本是用来标明图纸中的距离或角度等数值及说明文字的。

- 圆心标记:圆心标记通常用来表示圆或圆弧的中心,它由两条相互垂直的短线组成,交叉点就是圆或圆弧的中心。

- 中心线:中心线是在圆心标记的基础上,将两条短线延长至圆或圆弧的圆周外的两条线。

命令2 设定标注样式

🎯 命令功能

输入并执行【DIMSTYLE(D)】命令,将打开【标注样式管理器】对话框，在该对话框中，可以新建一种标注格式，也可以对原有的标注格式进行修改。

　　【标注样式管理器】对话框中各选项的含义如下。

- 当前标注样式：显示当前的标注样式名称。
- 样式：列表中显示图形中的所有标注样式。
- 预览：在此可以预览到所选项标注的样式。
- 列出：在该下拉列表中，可以选择显示哪种标注样式。
- 设置为当前：单击该按钮，可以将选定的标注样式设置为当前标注样式。
- 新建：单击该按钮，将打开【创建新标注样式】对话框，在该对话框中可以创建新的标注样式。
- 修改：单击该按钮，将打开【修改当前样式】对话框，在该对话框中可以修改标注样式。
- 替代：单击该按钮，将打开【替代当前样式】对话框，在该对话框中可以设置标注样式的临时替代。
- 比较：单击该按钮，将打开【比较标注样式】对话框，在该对话框中可以比较两种标注样式的特性，也可以列出一种样式的所有特性。
- 不列出外部参照中的样式：选中该复选框，将不显示外部参照中的样式。
- 关闭：单击该按钮，将关闭该对话框。
- 帮助：单击该按钮，将打开【帮助】窗口，在此可以查找到需要的帮助信息。

命令格式

DIMSTYLE/D

实例1　设置尺寸线

AutoCAD 2013/2012/2011/2010

① 输入并执行【D】命令，打开【标注样式管理器】对话框，如图20-1所示。在【标注样式管理器】对话框中单击【新建】按钮后打开

【创建新标注样式】对话框，如图20-2所示。

图20-1　　　　　　　　　　　　　　　　　图20-2

② 在【创建新标注样式】对话框中输入新的标注样式名称，然后单击【继续】按钮，打开【新建标注样式】对话框，在【线】选项卡中，可以设置尺寸线和尺寸界线的颜色、线型、线宽，以及超出尺寸线的距离、起点偏移量的距离等内容，如图20-3所示。

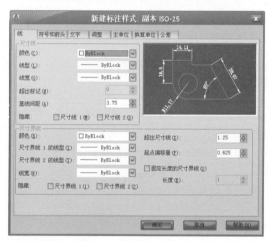

图20-3

实例2　设置尺寸箭头　　　　　　　AutoCAD 2013/2012/2011/2010

　　选择【符号和箭头】选项卡，在该选项卡中可以设置符号和箭头的样式与大小、圆心标记大小、弧长符号、半径与线性折弯标注等，如图20-4所示。

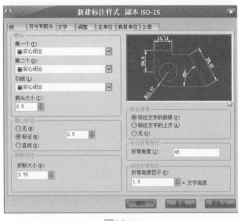

图20-4

实例3　设置尺寸文本　　AutoCAD 2013/2012/2011/2010

选择【文字】选项卡，在该选项卡中可以设置文字外观、文字位置、文字对齐的方式，如图20-5所示。

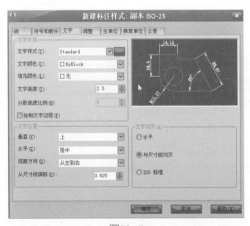

图20-5

实例4　调整尺寸样式　　AutoCAD 2013/2012/2011/2010

选择【调整】选项卡，在该选项卡中可以设置尺寸的尺寸线与箭头的位置、尺寸线与文字的位置、标注特征比例及优化等关系，如图20-6所示。

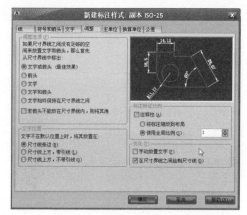

图20-6

实例5 设置尺寸单位

选择【主单位】选项卡，在该选项卡中可以设置线性标注与角度标注，如图20-7所示。

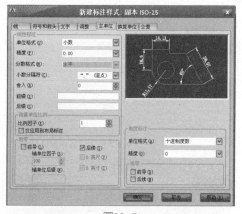

图20-7

命令3 线性标注

🖱 命令功能

使用线性标注长度类型的尺寸，用于标注垂直、水平和旋转的线性尺寸，线性标注可以水平、垂直或对齐放置。创建线性标注时，可以修改文字内容、文字角度或尺寸线的角度。

　　输入并执行【DIMLINEAR(DLI)】命令后，系统将提示"指定第一条尺寸界线原点或 < 选择对象 > ："，选择对象后系统将提示"指定尺寸线位置或[多行文字(M)/文字(T)/角度(A)/水平(H)/垂直(V)/旋转(R)]:"，该提示中各选项含义如下。

- 多行文字：用于改变多行标注文字，或者给多行标注文字添加前缀、后缀。
- 文字：用于改变当前标注文字，或者给标注文字添加前缀、后缀。
- 角度：用于修改标注文字的角度。
- 水平：用于创建水平线性标注。
- 垂直：用于创建垂直线性标注。
- 旋转：用于创建旋转线性标注。

◎ 命令格式

　　DIMLINEAR/DLI

实例1　对矩形长度进行线性标注　　AutoCAD 2013/2012/2011/2010

① 输入并执行【DLI】命令，然后在标注的对象上选择第一个原点，如图20-8所示。

指定第一个尺寸线原点或 <选择对象>: 3924.9238　1836.039

图20-8

② 继续指定标注对象的第二个原点，如图20-9所示。

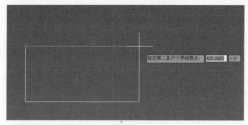

图20-9

③ 拖动鼠标指定尺寸标注线的位置，如图20-10所示；然后单击鼠标左键，即可完成线型标注，如图20-11所示。

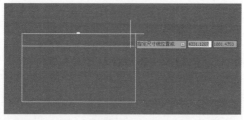

图20-10

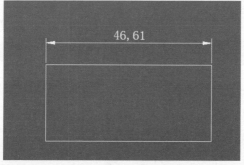

图20-11

命令4 对齐标注

◎ 命令功能

对齐标注是线性标注的一种形式，是指尺寸线始终与标注对象保存一致，若是圆弧则对齐尺寸标注的尺寸线与圆弧的两个端点所连接的弦保持平行。

🔘 命令格式

DIMALIGNED/DAL

实例1　对三角形的斜边进行对齐标注　AutoCAD 2013/2012/2011/2010 🔥

❶ 输入并执行【DAL】
命令，然后指定第一条延伸
线原点，如图20-12所示。

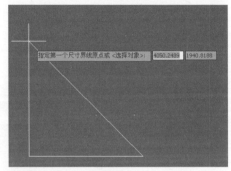

图20-12

❷ 当系统提示"指定
第二条延伸线原点；"时，
在绘图区继续指定第二条延
伸线原点，如图20-13所示。

❸ 当系统提示"指定
尺寸线位置或："时，指定尺
寸标注线的位置，如图20-14

图20-13

所示，单击鼠标结束标注操作，效果如图20-15所示。

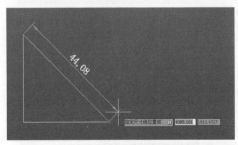

图20-14

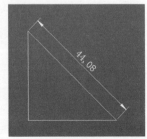

图20-15

命令5 直径标注

◎ 命令功能

直径标注【DIMDIAMETER】命令用于标注圆或圆弧的直径，直径标注由一条具有指向圆或圆弧的箭头的直径尺寸线组成。如果系统变量DIMCEN未设置为零，系统将绘制一个圆心标记。

◎ 命令格式

DIMDIAMETER /DDI

实例1　对图形进行直径标注　　　AutoCAD 2013/2012/2011/2010 ◎

① 输入并执行【DDI】命令，然后选择需要标注直径的圆或圆弧，如图20-16所示。

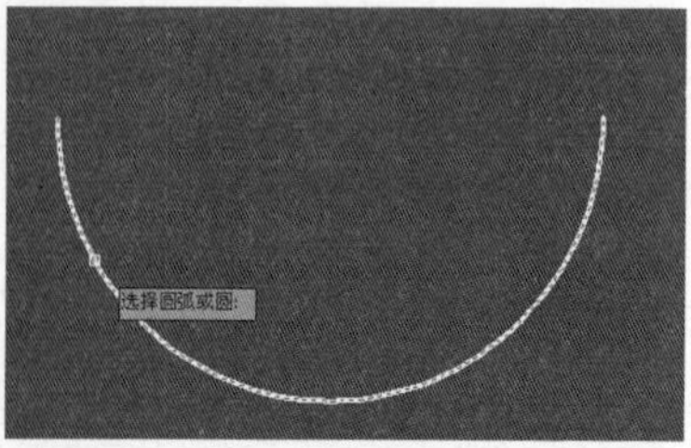

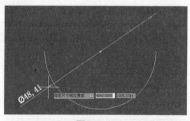

图20-16

② 当系统提示"指定尺寸线位置或[多行文字/文字/角度]："时，指定尺寸标注线的位置，如图20-17所示。系统将根据测量值自动标注圆弧或圆直径，如图20-18所示。

图20-17

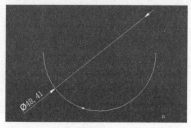

图20-18

命令6　半径命令

命令功能

　　半径标注用于标注圆或圆弧的半径，半径标注由一条具有指向圆或圆弧的箭头的半径尺寸线组成。如果系统变量DIMCEN未设置为零，系统将绘制一个圆心标记。

命令格式

　　DIMRADIUS/DRA

实例1　对图形进行半径标注　　　　　AutoCAD 2013/2012/2011/2010

❶ 输入并执行【DRA】命令，然后选择需要标注半径的圆弧或圆，如图20-19所示。

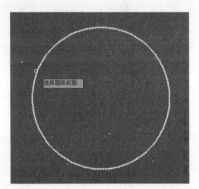

图20-19

❷ 指定尺寸标注线的位置，如图20-20所示，系统将根据测量值自动标注圆弧或圆的半径，如图20-21所示。

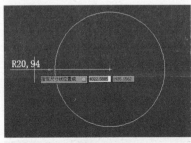

图20-20

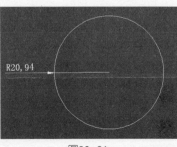

图20-21

命令7 角度标注

◎ 命令功能

使用【角度标注（DIMANGULAR）】命令可以准确地标注线段和线段之间的夹角，以及圆弧的夹角。

◎ 命令格式

DIMANGULAR /DAN

实例1 标注三角形的角度

AutoCAD 2013/2012/2011/2010

1 输入并执行【DAN】命令，然后选择标注角度图形的第一条边，如图20-22所示。

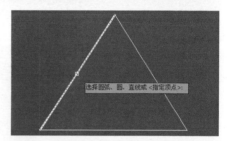

图20-22

2 选择标注角度图形的第二条边，如图20-23所示，系统将给出"指定标注弧线位置或[多行文字/文字/角度]:"的提示信息。

图20-23

3 指定标注弧线的位置，如图20-24所示；然后单击鼠标左键，即可完成角度标注，如图20-25所示。

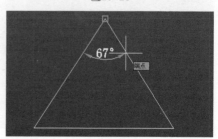

图20-24

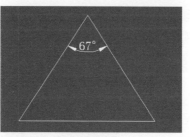

图20-25

命令8 圆心标注

命令功能

　　圆心标注可以是小十字也可以为中心线，由系统变量DIMCEN确定。当DIMCEN=0时，没有圆心标记；当DIMCEN > 0时，圆心标记为小十字；当DIMCEN < 0时，圆心标记为中心线，数值绝对值的大小决定标记的大小。

　　使用【圆心标记（DIMCENTER）】命令可以标注圆或圆弧的圆心点。输入并执行【DIMCENTER】命令后，系统将提示："选择圆或圆弧："，然后选择要标注的圆或圆弧。

命令格式

DIMCENTER

实例1　圆心标注

AutoCAD 2013/2012/2011/2010

　　❶ 输入并执行【DIMCENTER】命令，系统将提示"选择圆或圆弧："选择需要标注的图形，如图20-26所示。

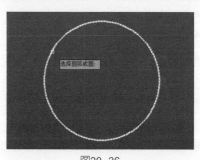

图20-26

❷ 即可标注出圆或圆弧的圆心位置，如图20-27所示。

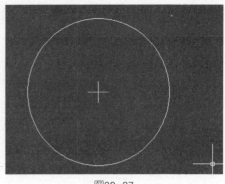

图20-27

命令9 坐标标注

📎 命令功能

坐标标注是沿一条简单的引线显示部件的x或y坐标，坐标标注也称为基准标注。坐标标注主要用于标注所指点的坐标值，其坐标值位于引出线上。

输入并执行【DIMORDINATE】命令后，系统将提示"指定点坐标："，在该提示下指定需要坐标标注的点对象。选择对象后，系统将提示"指定引线端点或[X基准/Y基准/多行文字（M）/文字（T）/角度（A）]："，其中各项含义如下。

- 引线端点：使用部件位置和引线端点的坐标差可以确定它是x坐标标注，还是y坐标标注。
- X基准：用于测量x坐标并确定引线和标注文字的方向。
- Y基准：用于测量y坐标并确定引线和标注文字的方向。
- 多行文字：用于改变多行标注文字，或者给多行标注文字添加前缀、后缀。
- 文字：用于改变当前标注文字，或者给标注文字添加前缀、后缀。
- 角度：用于修改标注文字的角度。

💮 命令格式

DIMORDINATE

实例1　标注三角形的顶点坐标　　AutoCAD 2013/2012/2011/2010 🔵

1 输入并执行【DIMORDINATE】命令，然后指定需要标注的点，如图20-28所示。

2 当系统提示"指定引线端点或[X基准/Y基准/多行文字/文字/角度]:"时，输入X并确定，选择【X基准】选择，如图20-29所示。

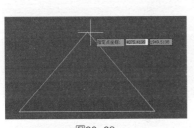

图20-28

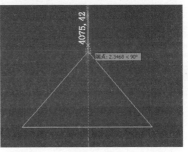

图20-29

3 当系统提示"指定引线端点或[X基准/Y基准/多行文字/文字/角度]:"时，指定引线的端点位置，如图20-30所示，标注坐标效果如图20-31所示。

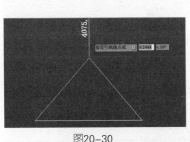

图20-30

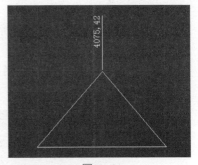

图20-31

4 继续执行【DIMORDINATE】命令，在指定需要标注的点后，输入Y并确定，选择【Y基准】选项，如图20-32所示，然后指定引线的位置，标注的坐标效果如图20-33所示。

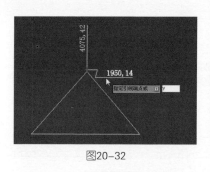

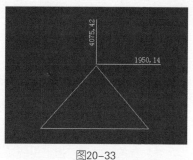

图20-32　　　　　　　　　　　　图20-33

命令10　基线标注

◉ 命令功能

　　【基线标注（DIMBASELINE）】命令用于标注图形中有一个共同基准的线型或角度尺寸。基线标注是以某一点、线、面作为基准，其他尺寸按照该基准进行定位，因此，在使用【基线】标注之前，需要对图形进行一次标注操作，以确定【基线】标注的基准点，否则无法进行【基线】标准。

◉ 命令格式

　　DIMBASELINE /DBA

实例1　基线标注图形
AutoCAD 2013/2012/2011/2010 ◉

　　❶ 首先使用【DLI】命令对图形进行第一次标注，以便为基线标注指定一个基准点，如图20-34所示。

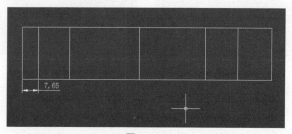

图20-34

② 输入并执行【DIMBASELINE】命令，当系统提示"指定第二条尺寸界线原点或[放弃/选择]："时，输入S并确定，选择【选择】选项，如图20-35所示。

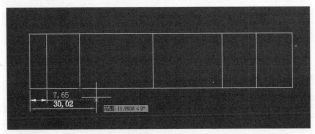

图20-35

③ 当系统提示"选择基准标注："时，选择存在的线性标注作为基准标注，如图20-36所示。

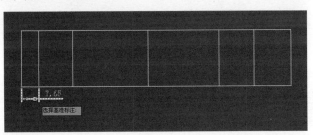

图20-36

④ 当系统提示"指定第二条延伸线原点或[放弃/选择]："时，指定第二条延伸线的原点，如图20-37所示。

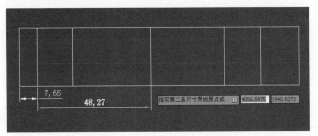

图20-37

⑤ 继续指定下一个延伸线的原点，如图20-38所示，然后按下空格键进行确定，结束基线标注操作，效果如图20-39所示。

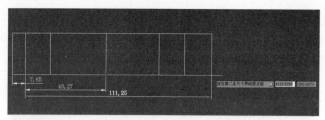

图20-38

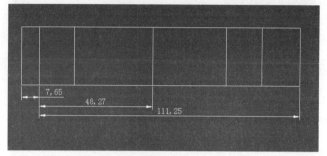

图20-39

命令11 连续标注

命令功能

【连续标注（DCO）】命令用于标注在同一方向上连续的线型或角度尺寸。输入并执行【连续标注（DCO）】命令，即可对图形进行连续标注。连续标注方法与基线标注类似，只是该命令从上一个或选定标注的第二尺寸界线处创建线型、角度或坐标的连续标注。

命令格式

DINCOTINUE/DCO

实例1 连续标注图形

AutoCAD 2013/2012/2011/2010

输入并执行【DCO】命令即可对图形进行连续标注。连续标注方法与基线标注类似，只是该命令从上一个或选定标注的第二尺寸界线处创建线型、角度或坐标的连续标注，如图20-40所示。

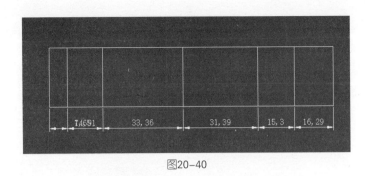

图20-40

综合应用实例 标注建筑平面图

本例将介绍在AutoCAD中为建筑平面图的尺寸标注的方法，本例将运用到【标注样式】、【线性标注】、【连续标注】等多个常用命令。

❶ 打开需要进行标注的建筑平面图，效果如图20-41所示。

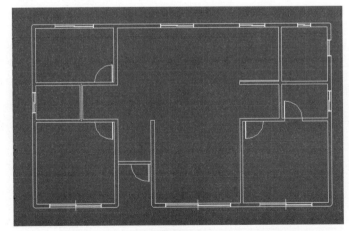

图20-41

❷ 输入并执行【D】命令，打开【标注样式管理器】对话框，如图20-42所示。

❸ 单击【新建】按钮，打开【创建新标注样式】对话框，在【新样式名】文本框中输入样式名为【建筑平面】，如图20-43所示。

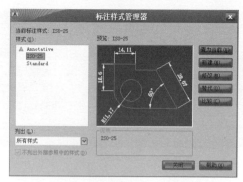

图20-42

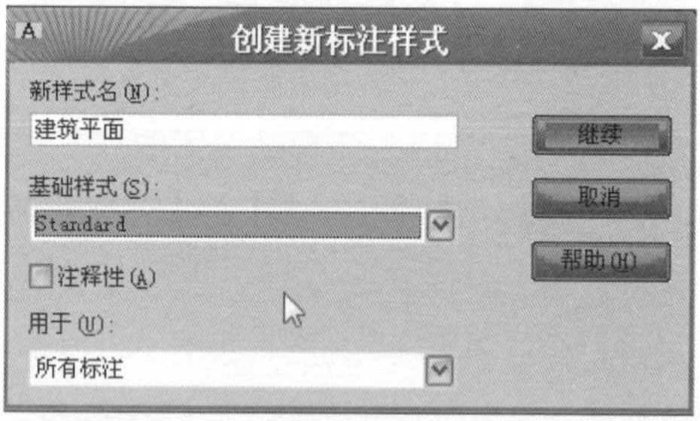

图20-43

④ 单击【继续】按钮，打开【新建标注样式对话框】，在【线】
选项卡中设置颜色为绿色，超出尺寸线为50，起点偏移量的值为85，如
图20-44所示。

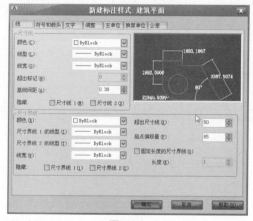

图20-44

⑤ 选择【箭头和符号】选项卡，设置箭头和引线为【建筑标记】，设置箭头大小为50，如图20-45所示。

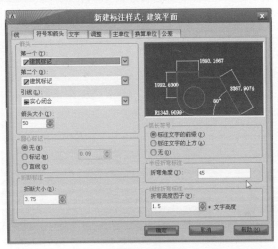

图20-45

⑥ 选择【文字】选项卡，设置文字高度为300，文字的垂直对齐方式为【上方】，设置【从尺寸线偏移】的值为80，如图20-46所示。

图20-46

⑦ 选择【主单位】选项卡，设置【精度】为0，如图20-47所示。然后单击【确定】按钮，返回到【标注样式管理器】对话框中，然后单

第 16 章

第 17 章

第 18 章

第 19 章

第 20 章

击【置为当前】按钮。

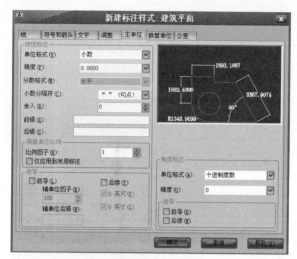

图20-47

⑧ 绘制建筑平面图的中轴线，如图20-48所示。

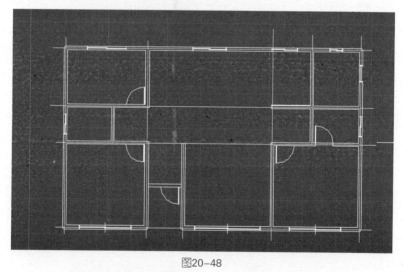

图20-48

⑨ 输入并执行【DIMLINEAR】命令，在绘图区选择尺寸标注的第一个原点，如图20-49所示。

⑩ 再选择标注尺寸的第二个原点，如图20-50所示。

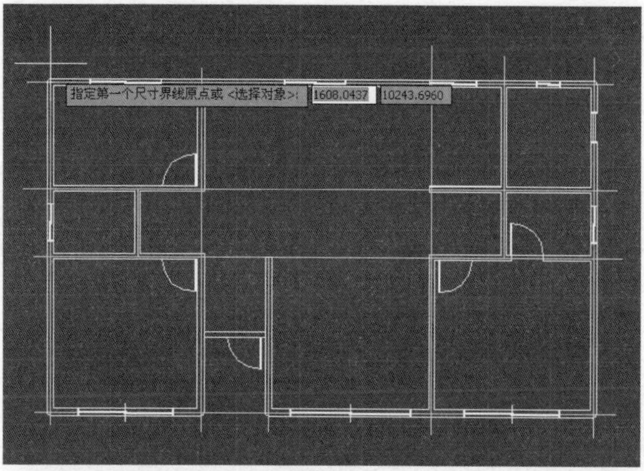

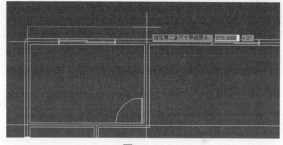

图20-49

图20-50

⑪ 在绘图区指定尺寸线的位置，如图20-51所示。然后单击鼠标进行确定。

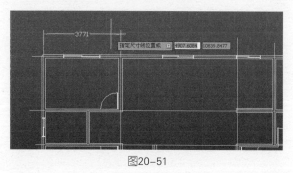

图20-51

⑫ 输入并执行【CO】命令，然后在绘图区对其余的尺寸进行连续标注，如图20-52所示。

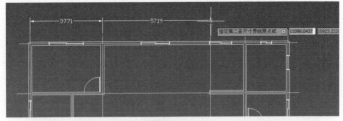

图20-52

⑬ 完成连续标注后按下空格键结束标注，效果如图20-53所示。

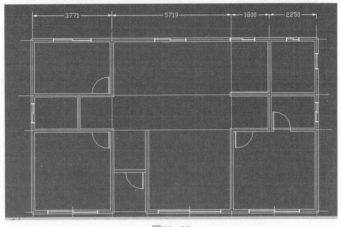

图20-53

⑭ 使用同样的方法创建结构图的其他尺寸标注，如图20-54所示。

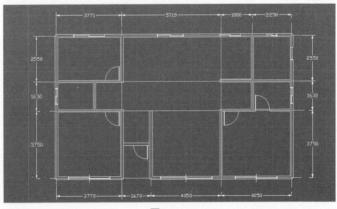

图20-54

⑮ 继续为建筑平面图标注，如图20-55所示。

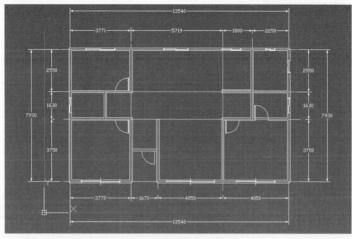

图20-55

⑯ 删除辅助轴线，完成标注，最终效果如图20-56所示。

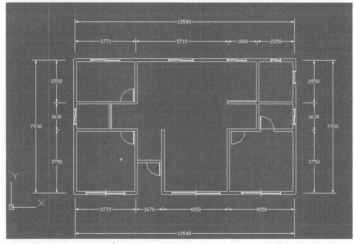

图20-56

第 *21* 章

编辑标注

当创建尺寸标注后，如果需要对其进行修改，可以使用标注样式对所有标注进行修改，也可以使用编辑标注命令单独修改图形中的部分标注对象。

命令1 修改标注样式

◎ 命令功能

如果在进行尺寸标注时，发现标注的样式不适合当前的图形，则可以对当前的标注样式进行修改。

◎ 命令格式

DIMSTYLE/D

实例1 修改标注样式　　　　　　　AutoCAD 2013/2012/2011/2010 ◎

❶ 执行【DIMSTYLE(D)】命令，打开【标注样式管理器】对话框，然后选中需要修改的样式，单击【修改】按钮，如图21-1所示。

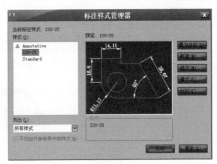

图21-1

❷ 在打开的【修改标注样式】对话框中对标注需要修改的样式进行修改，如图21-2所示。

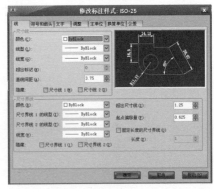

图21-2

命令2 编辑尺寸标注

命令功能

【编辑尺寸标注（DIMEDIT）】命令用于修改一个或多个标注对象上的文字标注和尺寸界线。在命令行中执行编辑标注（DIMEDIT）命令后，命令行中将提示"输入标注编辑类型[默认(H)/新建(N)/旋转(R)/倾斜(O)]"，其中各选项含义如下。

- 默认(H)：将旋转标注文字移回默认位置。
- 新建(N)：使用【多行文字编辑器】修改编辑标注文字。
- 旋转(R)：旋转标注文字。
- 倾斜(O)：调整线型标注尺寸界线的倾斜角度。

命令格式

DIMEDIT

实例1　将线性标注对象倾斜60°　AutoCAD 2013/2012/2011/2010

❶ 使用【DLI】标注命令在绘图区为对象进行标注，然后输入并执行【DIMEDIT】命令，当系统提示"输入标注编辑类型[默认/新建/旋转/倾斜]："时，选择【倾斜】选项，如图21-3所示。

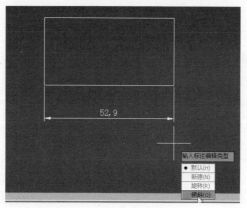

图21-3

② 当系统提示"选择对象："时，选择要倾斜的标注，然后按下空格键确定，如图21-4所示。

③ 当系统提示"输入倾斜角度（按Enter键表示无）："时，输入倾斜的角度为60°，如图21-5所示，然后按下空格键进行确定，完成后的效果如图21-6所示。

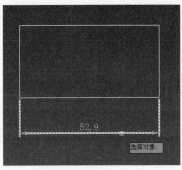

图21-4

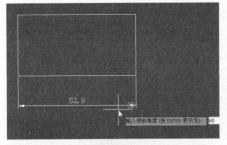

图21-5

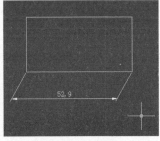

图21-6

命令3 编辑标注文字

命令功能

【编辑标注文字(DIMTRDIT)】命令用于移动和旋转标注文字。输入并执行【DIMTEDIT】命令，然后选择要编辑的标注，系统将提示"指定标注文字的新位置或[左(L)/右(R)/中心(C)/默认(H)/角度(A)]:"信息，其中各个标注编辑类型的含义如下。

- 新位置：拖拽时动态更新标注文字的位置。
- 左(L)：沿尺寸线左对正标注文字。
- 提示：本选项只适合用于线性、直径和半径标注。
- 右(R)：沿尺寸线右对正标注文字。
- 中心(C)：将标注文字放在尺寸线的中间。
- 默认(H)：将标注文字移回默认位置。

- 角度(A): 修改标注文字的角度。

◎ 命令格式

DIMTRDIT

实例1 将标注文字旋转45° AutoCAD 2013/2012/2011/2010

① 首先使用线性标注命令在绘图区为对象进行标注，然后输入并执行【DIMTEDIT】命令，选择需要旋转文字的标注，如图21-7所示。

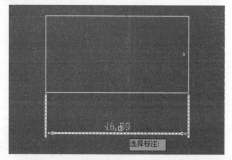

图21-7

② 当系统提示"指定标注文字的新位置或[左/右/中心/默认/角度]:"时，输入字母A，使用旋转文字功能，然后按下空格键确定，如图21-8所示。

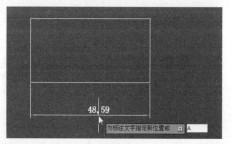

图21-8

③ 当系统提示"指定标注文字的角度:"时，输入旋转的角度为45°，如图21-9所示，然后按下空格键进行确定，完成后的效果如图21-10所示。

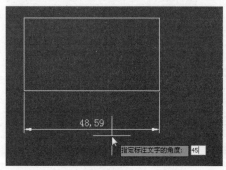

图21-9

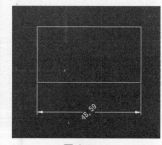

图21-10

命令4 折弯线性

命令功能

使用【折弯线性(DIMJOGLINE)】可以在线性标注或对齐标注中添加或删除折弯线。在执行【DIMJOGLINE】命令的过程中，各选项含义如下。

- 选择要添加折弯的标注或[删除(R)]：指定要向其添加折弯的线性标注或对齐标注。系统将提示用户制定折弯的位置。
- 指定折弯位置（或按Enter键）：指定一点作为折弯位置，或按Enter键以将折弯放在标注文字和第一条尺寸界线之间的中点处，或基于标注文字位置的尺寸线的中点处。
- 删除：指定要从中删除折弯的线性标注或对齐标注。

命令格式

DIMJOGLINE

实例1　折弯线性 AutoCAD 2013/2012/2011/2010

输入并执行【DIMJOGLINE】命令，系统提示"旋转要添加折弯的标注或[删除]："时，选择要添加折弯的标注，然后指定折弯位置，如图21-11所示，然后进行确定，效果如图21-12所示。

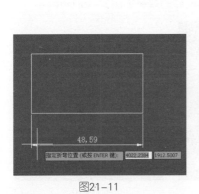

图21-11　　　　　　　　　图21-12

命令5　更新标注

◉ 命令功能

　　【更新标注(–DIMSTYLE)】命令用于更新标注的样式，其中各选项含义如下。

- 保存(S)：将标注系统变量的当前设置保存到标注样式。命令行继续提示"输入新标注样式名或[?]："。
- 恢复(R)：将标注系统变量设置恢复为选定标注样式的设置。
- 状态(ST)：显示所有标注系统变量的当前值。列出变量后，DIMSTYLE命令结束。
- 变量(V)：列出某个标注样式或选定标注的标注系统变量设置，但不修改当前设置。
- 应用(A)：将当前尺寸标注系统变量设置应用到选定标注对象，永久替代应用于这些对象的任何现有标注样式。
- ?：列出当前图形中命名的标注样式。

◉ 命令格式

　　–DIMSTYLE

第 22 章

文字应用

在绘制AutoCAD图形时，通常会对图形进行文字说明，以便查看图形的人员更清楚图形所表达的内容。工程图中的结构、技术要求通常需要用文字进行标注说明，如建筑结构的说明、建筑体的空间标注等。在AutoCAD中创建文字的方法与其他的软件不同。

命令1 文本标注样式

◎ 命令功能

要在AutoCAD中标注文本，用户首先应该设置文字的字型或字体。文本标注样式包括文字的字体、字型和文字的大小，文字是具有一定固有形状，由若干个单词组成的描述库。字型是具有字体、字的大小、倾斜度、文本方向等特性的文本样式。

◎ 命令格式

DDSTYLE

实例1　新建文字样式 　　　　　AutoCAD 2013/2012/2011/2010

❶ 在AutoCAD中除了自带的文字样式外，还可以在【文字样式】对话框中创建新的文字样式，输入并执行【DDSTYLE】命令，打开【文字样式】对话框，如图22-1所示。

图22-1

❷ 单击对话框右方的【新建】按钮，将打开【新建】对话框，在【样式名】文本框中可输入新建的文字样式名称，如图22-2所示。

图22-2

❸ 单击【确定】按钮即可创建新的文字样式。在样式名称列表框中将显示新建的文字样式，如图22-3所示。

图22-3

❹ 选中一种文字样式后，单击【置为当前】按钮，可以将所选的文字样式设置为当前应用的文字样式。如果要删除某种文字样式，可以在选中该文字样式后，单击【删除】按钮，将打开【acad警告】对话框，如图22-4所示，单击【确定】按钮，即可将所选的文字样式删除。

图22-4

实例2　文字字体与大小

AutoCAD 2013/2012/2011/2010

在【文字样式】对话框的【字体】区域中列出了字体名和字体样式，在【大小】区域可以设置文字的大小，如图22-5所示。

图22-5

实例3　文字效果

AutoCAD 2013/2012/2011/2010

在【效果】区域中可以修改字体的特性，例如高度、宽度因子、倾斜角以及是否颠倒显示、反向或垂直对齐，如图22-6所示。

图22-6

命令2 单行文字

命令功能

创建单行文字【DTEXT（DT）】命令用于对图形进行简单标注，并且可以对文本进行字体、大小、倾斜、镜像、对齐和文字间隔调整等设置。

输入并执行【DTEXT（DT）】命令后，输入一个坐标点作为标注文本的起始点，并默认为左对齐方式。系统将提示"指定文字的起点或[对正(J)/样式(S)]:"，各选项含义如下。

- 对正：设置标注文本的对齐方式。
- 样式：设置标注文本的样式。

命令格式

DTEXT/DT

实例1 创建单行文字

AutoCAD 2013/2012/2011/2010

❶ 输入并执行【DT】命令，当系统提示"指定文字的起点："时，在绘图区单击鼠标确定输入文字区域的第一个角点，系统将提示"指定高度："，输入文字的高度，如图22-7所示。

❷ 当系统提示"指定文字的旋转角度："时，输入文字的旋转角度，如图22-8所示。

图22-7

图22-8

③ 当绘图区出现如图22-9所示的光标图形时，输入单行文字的内容，如图22-10所示，然后连续两次按下【Enter】键，即可完成单行文字的创建。

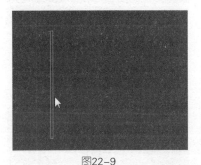

图22-9　　　　　　　　　　　　　　　图22-10

命令3　修改单行文字

◎ 命令功能

输入并执行【DDEDIT（ED）】命令，可以增加或替换单行文字中的字符，以实现修改文本内容的目的。启动【修改文本（DDEDIT）】命令后，系统将提示"选择注释对象或[放弃（U）]:"。其中各选项含义如下。

- 选择注释对象：选择要修改的文字对象。
- 放弃（U）：放弃上一步的选择操作。

◎ 命令格式

DDEDIT/ED

实例1　将[创建矩形]修改为[创建圆形]　AutoCAD 2013/2012/2011/2010 ◎

① 执行【ED】命令，选择要编辑的文本【创建矩形】，如图22-11所示。

② 在激活文字内容【创建矩形】后，拖动鼠标选择"距"字，如图22-12所示。

第21章

第22章

第23章

第24章

第25章

图22-11

图22-12

3 输入新的文字内容"圆"字，如图22-13所示，然后连续两次按下【Enter】键进行确定，完成效果如图22-14所示。

图22-13

图22-14

命令4 多行文字

🔘 **命令功能**

输入并执行【MTEXT(MT)】命令后，在绘图区指定一个区域，系统将弹出设置文字格式的文字编辑器，其中包括【样式】、【格式】、【段落】、【插入】、【拼写检查】、【工具】、【选项】和【关闭】面板。

🔘 **命令格式**

MTEXT/MT

实例1　创建多行文字　　　　　AutoCAD 2013/2012/2011/2010

1 执行【MT】命令，在绘图区拖动鼠标确定创建文字的区域，如图22-15所示。

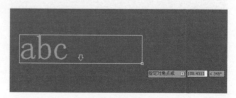

图22-15

② 在弹出的文字编辑器中需要设置好文字的高度、文字的字体等
参数，如图22-16所示。

图22-16

③ 在文字输入窗口中输入文字内容，如图22-17所示，然后单击文
字编辑器中的【关闭】按钮，完成效果如图22-18所示。

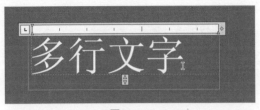

图22-17

图22-18

命令5 多行文字的修改

🔘 命令功能

【DDEDIT（ED）】命令除了适用于单行文字的修改外，也适用于
多行文字的修改。输入并执行【DDEDIT（ED）】命令，选择要修改的
多行文字对象，即可打开文字编辑器，然后可以根据需要更改多行文字
的特性，如样式、位置、方向、大小、对正和其他特性，或是在文本输
入窗口内修改文字的内容。

命令格式

DDEDIT/ED

命令6 修改文字特性

命令功能

　　对于多行文字内容，可以通过执行【DDEDIT（ED）】命令，在打开的文字编辑器中修改文字的特征。如果需要修改单行文字的特性，则需要在【特性】选项板中进行编辑。

　　输入并执行【PROPERTIES（PR）】命令，即可打开【特性】选项板。在【常规】卷展栏中，可以修改文字的图层、颜色、线型、线型比例和线宽等对象特性；在【文字】卷展栏中，可以修改文字的内容、样式、对正方式和文字高度等特性。

命令格式

PROPERTIES/PR

实例1　修改文字特性　　　　　　　　　AutoCAD 2013/2012/2011/2010

　　① 使用【DT】命令创建如图22-19所示的当行文字内容，文字高度为20。

图22-19

　　② 输入并执行【PROPERTIES】命令，打开【特性】选项板，选择创建的单行文字，在该选项板中将显示文字的特性，如图22-20所示。

　　③ 在【特性】选项板中将文字的内容更改为【编辑文字】，字体颜色修改为红色、设置文字旋转15°，设置文字高度为10，如图22-21所示，修改后的文字效果如图22-22所示。

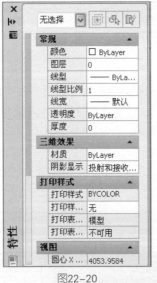

图22-20

图22-21

图22-22

命令7 添加特殊字符

命令功能

在文本标注的过程中，有时需要输入一些控制码和专用字符，AutoCAD中根据用户的需要提供了一些特殊字符的输入方法。

命令格式

TEXT

命令8 对正文字

命令功能

使用【对正】命令可以改变选定文字对象的对齐点而不改变其位置。输入并执行【JUSTIFYTEXT】命令，系统将提示【选择对象】的信息，然后选择需要的对正的文字对象，再按下空格键进行确定。

命令格式

JUSTIFYTEXT

实例1 对正文字　　　　　　　　　　　AutoCAD 2013/2012/2011/2010

❶ 输入并执行【JUSTIFYTEXT】命令，系统将提示"选择对象："的信息，然后选择需要对正的文字对象，如图22-23所示，然后按下空格键确定。

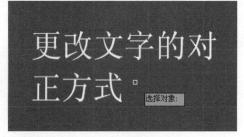

图22-23

❷ 系统将提示"输入对正选项："，然后选择一种对正方式，如选择【居中】方式，如图22-24所示，按下空格键进行确定，即可按指定对齐方式更改文字的效果，如图22-25所示。

图22-24

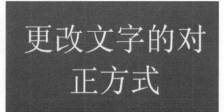

图22-25

命令9　缩放文字

⊛ 命令功能

使用缩放文本【SCALETEXT】命令，可以更改一个或多个文字对象的比例，而且不会改变其位置，这在建筑制图中十分有用。

⊛ 命令格式

SCALETEXT

实例1　缩放文字　　　　　　AutoCAD 2013/2012/2011/2010

❶ 使用【多行文字】命令创建一段文字高度为50的文字内容，如图22-26所示。

图22-26

❷ 输入并执行【SCALETEXT】命令，然后选择创建的多行文字对象，当系统提示"[现有/左对齐/居中/中间/右对齐/左上/中上/右上/左中/正中/右中/左下/中下/右下]"：时，选择【居中】选项，如图22-27所示。

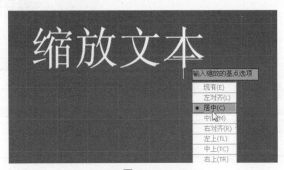

图22-27

❸ 当系统提示"指定新模型高度或[图纸高度/匹配对象/比例因子]："时，输入新的文字高度，如图22-28所示，然后进行确定，缩放后

的文字效果，如图22-29所示。

图22-28

图22-29

命令10 文字的查找和替换

◎ 命令功能

在AutoCAD中，可以使用【FIND】命令对标注的文本进行查找和替换操作。输入并执行【FIND】命令，将打开【查找与替换】对话框。

◎ 命令格式

FIND

实例1 替换文字

AutoCAD 2013/2012/2011/2010

❶ 使用【多行文字】命令创建一段【查找】的文字内容，如图22-30所示。输入并执行【FIND】命令，将打开【查找与替换】对话框，在【查找内容】文本框中输入"查找"，然后在【替换为】文本框中输入"FIND"，如图22-31所示。

图22-30

图22-31

2 单击【选择对象】按钮，在绘图区选择要替换的对象，如图22-32所示。然后按下空格键，返回【查找和替换】对话框。

3 单击【全部替换】按钮，即可将文字"查找"替换为"FIND"，然后单击【关闭】按钮，结束查找和替换操作，如图22-33所示。

图22-32

图22-33

命令11　多重引线

🔘 命令功能

在AutoCAD中绘制图形时，通常会使用多重引线功能对图形进行标注说明，在创建多重引线时，首先需要设置好多重引线的样式。

使用【MLEADERSTYLE】命令可以设置当前多重引线样式，以及创建、修改和删除多重引线样式。输入并执行【MLEADERSTYLE】命令，将打开【多重引线样式管理器】对话框。

使用【MLEADER】命令可以创建连接注释与几何特征的引线。

🔘 命令格式

MLEADERSTYLE

MLEADER

实例1　设置多重引线样式　　　　　　AutoCAD 2013/2012/2011/2010 🔘

1 使用【MLEADERSTYLE】命令可以设置当前多重引线样式，以及创建、修改和删除多重引线样式。输入并执行【MLESDERSTYLE】命令，将打开【多重引线样式管理器】对话框，如图22-34所示。

中文版 **AutoCAD** 制图快捷命令查询宝典

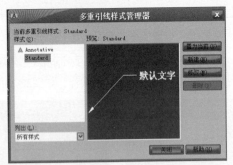

图22-34

② 单击【多重引线样式管理器】对话框中的【新建】按钮，在打开的【创建新多重引线样式】对话框中可以创建新的多重引线样式，在【新样式名】文本框中可以输入新的样式名，如图22-35所示，然后单击【继续】按钮，打开【修改多重引线样式】对话框，在此可以修改该样式的属性，如图22-36所示。

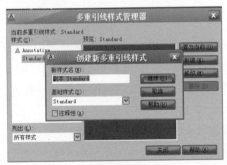

图22-35

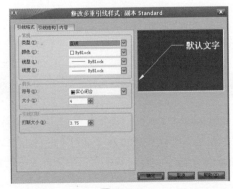

图22-36

_■ 270 | AutoCAD

实例2 创建多重引线
AutoCAD 2013/2012/2011/2010

使用【MLEADER】命令可以创建连接注释与几何特征的引线，输入并执行【MLEADER】命令，系统将提示"指定引线箭头的位置："，如图22-37所示。设置完成后如图22-38所示。

图22-37

图22-38

命令12 快速引线

⊚ 命令功能

使用【快速引线(QLEADER)】命令可以快速创建引线和引线注释。执行快速引线【QLEADER】命令，系统将提示"指定第一个引线点或[设置(S)] <设置> : "。此时，用户可以指定第一个引线点，或设置引线格式。

⊚ 命令格式

QLEADER

实例1 对图形进行引线标注
AutoCAD 2013/2012/2011/2010

❶ 输入并执行【QLEADER】命令，然后输入S并确定，打开【引线设置】对话框，如图22-39所示。

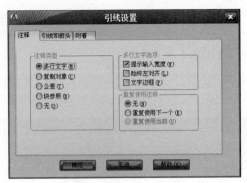

图22-39

② 选择【引线和箭头】选项卡，设置点数为3、箭头样式为点、设置第一段线的角度为45°、设置第二段的角度为水平，如图22-40所示，然后确定。

图22-40

③ 当系统提示"指定第一个引线点或[设置]："时，在图形中指定引线的第一个点，如图22-41所示。

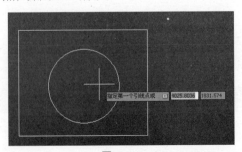

图22-41

④ 当系统提示"指定下一点："时，向右上方移动鼠标指定引线的下一个点，如图22-42所示。

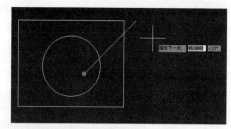

图22-42

⑤ 当系统继续提示"指定下一点："时，继续向右上方移动鼠标指定引线的下一个点，如图22-43所示。

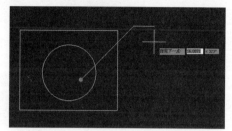

图22-43

⑥ 当系统提示"输入注释文字的第一行："时，输入引线的文字内容，输入好文字内容后，连续两次按下【Enter】键完成引线的绘制，如图22-44所示。

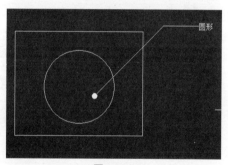

图22-44

命令13 拼写检查

◉ 命令功能

利用拼写检查功能可以检查当前图形文件中的文本内容是否存在拼写错误，从而提高输入文本的正确性。

◉ 命令格式

SPELL

实例1 对图形文本进行拼写检查 AutoCAD 2013/2012/2011/2010

❶ 输入并执行【SPELL】命令，将打开【拼写检查】对话框，如图22-45所示。

图22-45

❷ 选择要进行检查的位置，然后单击【开始】按钮即可开始检查，完成后将提示完成消息框，如图22-46所示。

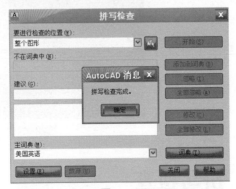

图22-46

命令14 表格样式

⊕ 命令功能

在AutoCAD中，可以使用表格样式命令选择已有的表格样式，或创建新的表格样式。

🔘 **命令格式**

TABLESTYLE

❶ 输入并执行【TABLESTYLE】命令，将打开【表格样式】对话框，如图22-47所示。

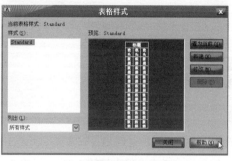

图22-47

❷ 单击【新建】按钮，系统将弹出【创建新的表格样式】，如图22-48所示。在【新样式名】文本框中输入新的表格样式名称，然后选择基础样式。

图22-48

❸ 单击【继续】按钮，系统将弹出【新建表格样式】对话框，如图22-49所示。在该对话框中，可以对表格的样式进行设置，包括表格内的文字、颜色、高度及表格的行高和行距等。

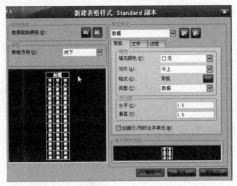

图22-49

命令15 新建表格

命令功能

在AutoCAD中，可以使用新建表格命令来创建表格。也可直接在【注释】工具栏中直接选择【表格】按钮。

命令格式

TABLE

实例1 新建表格样式
AutoCAD 2013/2012/2011/2010

输入并执行【TABLE】命令，将打开【插入表格】对话框，如图22-50所示。创建表格的操作主要在该对话框中完成。

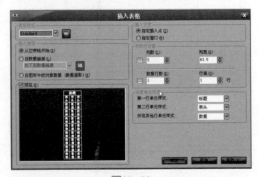

图22-50

命令16 表格编辑

◎ 命令功能

使用新建表格命令直接创建的表格一般都不能满足实际绘图的要求，尤其是当绘制的表格比较复杂时。这时就需要通过表格编辑命令对表格进行编辑，使其符合绘图的要求。

◎ 命令格式

TABLEDIT

实例1 表格编辑 AutoCAD 2013/2012/2011/2010 ◎

❶ 输入并执行【TABLEDIT】命令，系统将提示"拾取表格单元："，如图22-51所示。

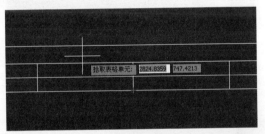

图22-51

❷ 选择表格时，单击右键，会弹出快捷菜单，如图22-52所示。可以在快捷菜单中对表格进行剪切、复制、删除、移动、缩放和旋转等简单操作，还可以均匀调整表格的行、列大小。

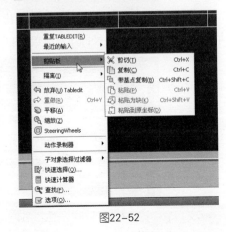

图22-52

命令17 表格输出

命令功能

当表格绘制结束后，可以用表格输出命令【TABLEEXPLORT】对表格进行输出。

命令格式

TABLEEXPLORT

实例1 表格输出

AutoCAD 2013/2012/2011/2010

① 输入并执行【TABLEEPLORT】命令，系统将提示"选择表格："，如图22-53所示。

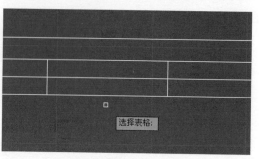

图22-53

② 选择表格后，系统将弹出【输出数据】对话框，如图22-54所示。在其中选择保存路径即可完成数据的输出。

图22-54

第 21 章

综合应用实例 文字标注应用

本例将介绍在AutoCAD中为图形进行文字标注的方法，本例将运用到【单行文字】、【多行文字】、【多重引线】、【多重引线样式】等多个常用命令。

① 打开将要标注文字的衣柜图形，如图22-55所示。

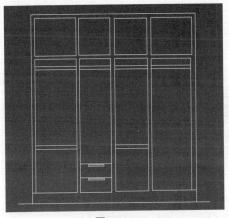

图22-55

② 输入并执行【MLEADERSTYLE】命令，在打开的【多重引线样式管理器】对话框中单击【修改】按钮，如图22-56所示。

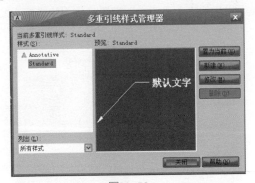

图22-56

③ 在打开的【修改多重引线样式】对话框如图22-57所示，设置箭头符号为【点】。设置箭头大小为50，如图22-58所示。

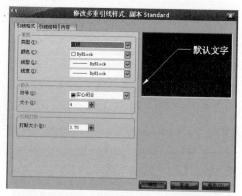

图22-57

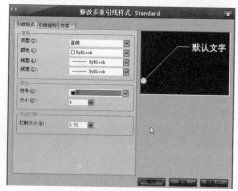

图22-58

④ 选择【引线结构】选项卡，设置最大引线点数为2，如图22-59所示。

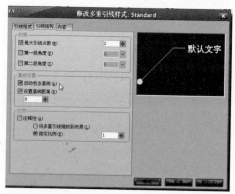

图22-59

⑤ 选择【内容】选项卡，在【多重引线类型】列表中选择【无】，如图22-60所示。

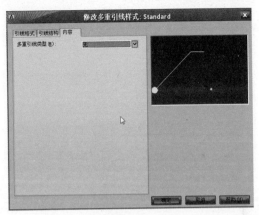

图22-60

⑥ 输入并执行【MLEADER】命令，当系统提示"指定引线箭头的位置："时，在图形中指定引线的位置，如图22-61所示。

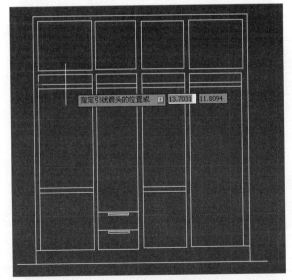

图22-61

⑦ 当系统提示"指定引线基线的位置："时，在图形中指定引线基线的位置，如图22-62所示。

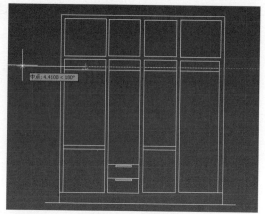

图22-62

8 然后进行确定，创建的多重引线的效果，如图22-63所示。

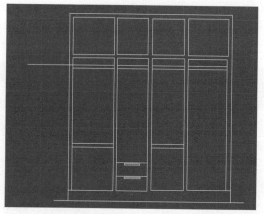

图22-63

9 输入并执行【MT】命令，在绘图区拖动鼠标确定创建文字的区域，如图22-64所示。

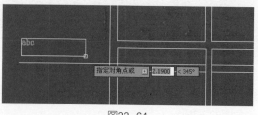

图22-64

⑩ 在弹出的【文字编辑器】标签面板中设置文字的高度为0、设置文字的字体为宋体，保持其他选项不变，如图22-65所示。

图22-65

⑪ 输入需要创建的文字内容，然后单击【关闭文字编辑器】按钮，完成多重引线的标注，如图22-66所示。

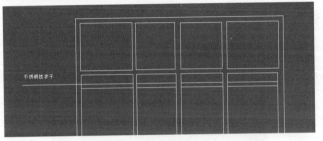

图22-66

⑫ 输入并执行【复制（CO）】命令，对图形中的引线标注进行复制两次，如图22-67所示。

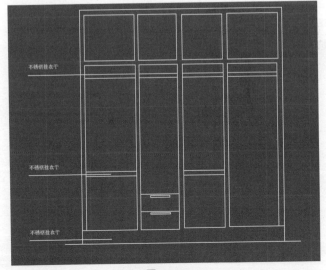

图22-67

⑬ 输入并执行【ED】命令，然后选择中间的标注文字，如图22-68 所示。

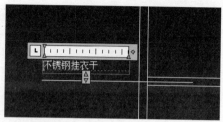

图22-68

⑭ 当选的文字被激活时，将文字内容修改为【活动隔断】，如 图22-69所示。

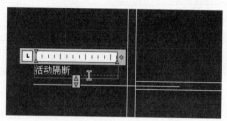

图22-69

⑮ 继续执行【ED】命令，将下方的文字内容修改为【踢脚线】， 如图22-70所示。

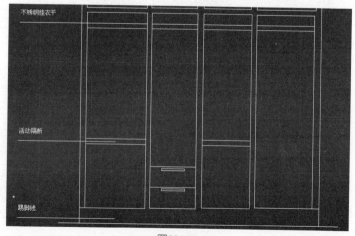

图22-70

⓰ 输入并执行【DT】命令，在衣柜立面图下方指定文字区域的第一个角点，设置文字的高度120，如图22-71所示，设置文字的旋转角度为0，如图22-72所示。

图22-71

图22-72

⓱ 当绘图区出现如图22-73所示的光标图形时，输入的那行文字的内容，如图22-74所示。

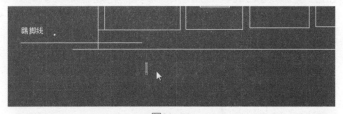

图22-73

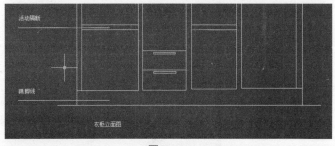

图22-74

⓳ 输入并执行【直线（L）】命令，然后在创建的单行文字下方绘制2条线段，完成实例的绘制，效果如图22-75所示。

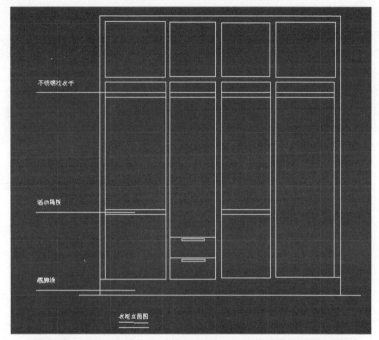

图22-75

第 *23* 章

设计中心与图形打印

在AutoCAD中，设计中心相当于是一个资源共享中心，是将日常工作中积累的资料、标准工具和可供参考的图形，通过设置中心提供给用户参考使用，以提高用户的工作效率。在设计中心内提供的共享图形资料，通常是以图块的方式存放。

命令1 设计中心的结构

命令功能

输入并执行【设计中心（ADCENTER）】命令，即可打开【设计中心】选项板，在树状视图窗口中显示了图形源的层次结构，右边控制板用于查看图形文件的内容。展开文件夹标签，选择指定文件的块选项，右边控制板中便显示该文件中的图块文件。

命令格式

ADCENTER /ADC

实例1 设计中心的结构 　　AutoCAD 2013/2012/2011/2010

❶ 输入并执行【ADC】命令，即可打开【设计中心】选项板，如图23-1所示。

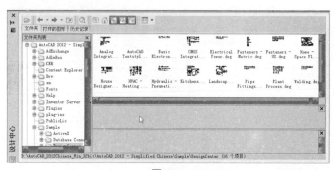

图23-1

❷ 单击【加载】按钮，打开【加载】对话框，如图23-2所示。然后从列表中选择要加载的项目内容，在预览框中会显示选定的内容。确定加载的内容后，单击【打开】按钮，即可加载文件的内容。

图23-2

命令2 设计中心的应用

🌐 命令功能

应用AutoCAD设计中心不仅可以搜索需要的文件，还可以向图形中添加内容。

使用AutoCAD设计中心搜索功能，可以搜索文件、图形、块和图层定义等，从AutoCAD设计中心的工具栏中单击【搜索】按钮，打开【搜索】对话框。在该对话框的查找栏中选择要查找内容类型，包括标注样式、布局、块、填充图案、图层、图形等类型。

在AutoCAD设计中心中，将控制板或搜索对话框中搜索的对象直接拖放到打开的图形中，即可将该内容加载到图形中去，也可以将内容先复制到剪贴板，然后粘贴到图形中。

实例1 搜索需要的文件 AutoCAD 2013/2012/2011/2010

❶ 从AutoCAD设计中心的工具栏中单击【搜索】按钮，打开【搜索】对话框，如图23-3所示，在该对话框的查找栏中选择要查找的内容类型，包括标注样式、布局、块、填充图案、图层、图形等。

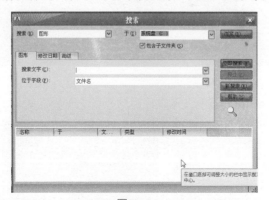

图23-3

❷ 选定搜索的内容后，在【搜索】框输入路径，或单击【浏览】按钮指定搜索的位置，如图23-4所示。单击【立即搜索】按钮可以开始进行搜索。

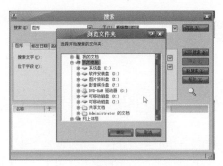

图23-4

实例2　向图形中添加对象　AutoCAD 2013/2012/2011/2010

❶ 在AutoCAD设计中心中，将控制板或搜索对话框中搜索的对象直接拖放到打开的图形中，即可将该内容加载到图形中去，如图23-5所示，也可将内容先复制到剪贴板，然后粘贴到图形中。

图23-5

❷ 在AutoCAD中，可以使用拖动的方法将设计中心的块对象拖入当前的图形中，也可以双击块对象，然后打开【插入】对话框，如图23-6所示。在指定插入块的参数后，单击【确定】按钮，即可将选择的块对象插入到指定的位置。

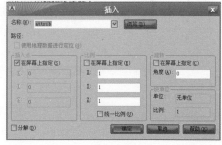

图23-6

290 | AutoCAD

命令3 打印

◉ 命令功能

由于不同的打印机设备会影响图形的可打印区域，所以在打印图形时，首先需要选择相应的打印机或绘图仪等打印设备，然后设置打印参数，在设置完这些内容后，可以进行打印预览，查看打印出来的效果，如果预览效果满意，即可将图形打印出来。

◉ 命令格式

PRINT

实例1 选择打印设备　　　AutoCAD 2013/2012/2011/2010

输入并执行【打印】命令，打开【打印-模型】对话框。在【打印机/绘图仪】区域的【名称】下拉列表中，AutoCAD系统列出了已安装的打印机或AutoCAD内部打印机的设备名称。用户可以在该下拉列表框中选择需要的输出设备，如图23-7所示。

图23-7

实例2 设置打印尺寸

在【图纸尺寸】的下拉列表中可以选择不同的打印图纸，用户可以根据自身的需要设置图纸的打印尺寸，如图23-8所示。

图23-8

实例3 设置打印比例

在打印图形文件时，需要在【打印-模型】对话框中的【打印比例】区域中设置打印出图的比例，如图23-9所示。

图23-9

实例4 设置打印方向

在打印图形文件时，用户可以根据自己的图形方向需要，调整图形的打印方向，在对话框【图形方向】区域内，除了纵向/横向两个单选

项外，还有一个【上下颠倒
打印】复选项，选中该选项
后，图形将上下倒置显示，
如图23-10所示。

图23-10

实例5　打印图形　　AutoCAD 2013/2012/2011/2010

　　设置好打印参数后，在【打印范围】下拉列表中选择以何种方式
选择打印图形的范围，如图23-11所示。如果选择【窗口】选项，单击
列表框右方的【窗口】按钮，即可在绘图区指定打印的窗口范围，确
定打印范围后将回到【打印-模型】对话框，单击【确定】按钮即可开
始打印图形。

图23-11

专家提示

　　在打印图形之前，可以单击【打印-模型】对话框左下方的【预
览】按钮，在打开的【打印预览】窗口中可以观看到图形的打印效果，
如果对设置的效果不满意可以重新设置打印参数，从而避免不必要的资
源浪费。

命令4 设定打印样式

命令功能

　　打印样式类型有两种：颜色相关打印样式表和命名打印样式表。一个图形不能同时使用两种类型的打印样式表。用户可以在两种打印样式表之间转换，也可以设置了图形的打印样式类型之后，修改所设置的类型。

实例1　自定义打印样式操作 　　　　　AutoCAD 2013/2012/2011/2010

　　❶ 单击【菜单浏览器】按钮，选择【打印】/【管理打印样式】命令，AutoCAD系统将自动打开【Plot Styles】窗口，如图23-12所示。

图23-12

　　❷ 双击【添加打印样式表向导】快捷方式，从而打开【添加打印样式表】对话框，如图23-13所示。根据添加向导说明进行设置后，单击【完成】按钮完成设置。

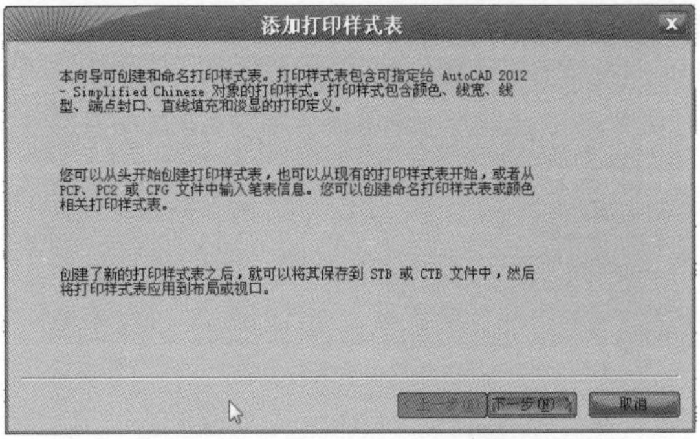

图23-13

❸ 完成添加打印样式表后，系统将在【Plot Styles】窗口中生成相应的样式文件，如图23-14所示。

图23-14

❹ 双击设置好的样式快捷方式图标，系统弹出【打印样式编辑器】对话框，在该对话框中可以设置打印的样式，然后单击【保存并关闭】按钮完成打印样式的编辑，如图23-15所示。

❺ 创建并设置好新的打印样式后，输入并执行【打印】命令，打开【打印-模型】对话框，即可在【打印样式表】列表中选择创建的打印样式作为当前的打印样式，如图23-16所示。

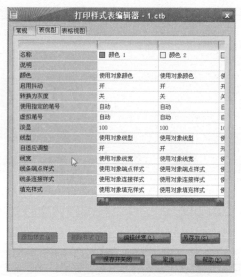

图23-15

图23-16

第 *24* 章

三维绘图常用命令

在AutoCAD中，不仅仅可以绘制二维图形，也可以绘制三维图形。AutoCAD提供了强大的三维绘图功能，通过三维模型可以直观地表现出物体的实际形状。当然，对于绘制工程设置图的人员而言，似乎很少会用到三维绘图功能，但是对于设计产品模型的人员来说，却是经常会使用该功能。

命令1 选择三维视图

命令功能

在默认状态下，三维绘图命令绘制的三维图形都是俯视的平面图，但是用户可以根据系统提示的俯视、仰视、前视、后视、左视和右视六个正交视图分别从对象的上、下、前、后、左、右六个方位进行观察。

实例1 通过菜单指定 AutoCAD 2013/2012/2011/2010

进入【AutoCAD经典】工作空间，选择【视图】/【三维视图】命令，在弹出的子菜单中会显示出6个正交视图和4个等轴测试图选项，用户可以根据需要选择相应的视图，如图24-1所示。

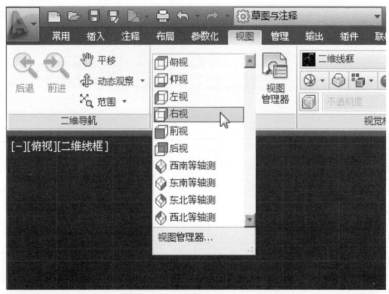

图24-1

实例2 通过工具面板指定 AutoCAD 2013/2012/2011/2010

进入【三维建模】工作空间，在该功能区中选择【视图】标签，然后在【视图】面板中单击视图所对应的按钮即可，如图24-2所示。

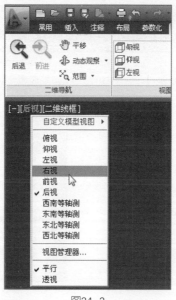

图24-2

命令2 绘制长方体

命令功能

长方体是最基本的实体对象，使用【BOX】命令可以创建三维长方或立方实体。输入并执行【BOX】命令，启动【长方体】命令，系统将提示"指定长方体的角点或[中心点(CE)] < 0,0,0 > "。确定立方体底面角点位置或底面中心，默认值为 < 0,0,0 > 。输入后命令将提示"指定角点或[立方体(C)/长度(L)]"。其中各项含义如下。

- 立方体(C)：用该项创建立方体。
- 长度(L)：用该项创建长方体，创建时先输入长方体底面x方向的长度，然后继续输入长方体y方向的宽度，最后输入正方体的高度值。

命令格式

BOX

实例1 创建一个长为50、宽为40、高度30的长方体

AutoCAD 2013/2012/2011/2010

1 将视图转换为【西南等轴测】视图，如图24-3所示。然后输入并执行【BOX】命令，当系统提示"指定长方体的角点或[中心]："时，单击鼠标指定长方体的起始角点坐标。

图24-3

2 当系统提示"指定角点或[立方体/长度]："时，输入L并确定，选择【长度】选项，如图24-4所示。

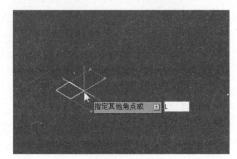

图24-4

3 当系统提示"指定长度："时，输入长方体的长度为50，如图24-5所示。然后指定长方体的宽度值为40，如图24-6所示。

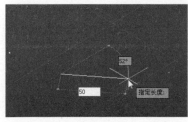

图24-5

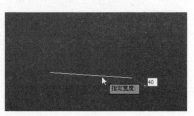

图25-6

④ 当系统提示"指定高度："时，输入长方体的高度为30，如图24-7所示。按下【Enter】键进行确定，完成长方体的创建，效果如图24-8所示。

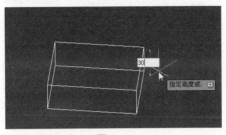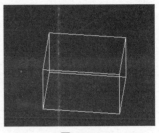

图24-7   图24-8

命令3 绘制球体

◉ 命令功能

使用【球体(SPHERE)】命令可以创建三维实心球体，该实体是通过半径或者直径及球心来定义的。

◉ 命令格式

SPHERE

实例1 创建一个半径为90的球体   AutoCAD 2013/2012/2011/2010 ◈

① 输入并执行【ISOLINES】命令，重新设置实体的线宽密度，如图24-9所示。

图24-9

② 输入并执行【SPHERE】命令，指定球体的球心，然后设置球体的半径为90，如图24-10所示。

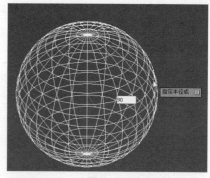

图24-10

③ 按下空格键确定，即可创建一个半径为90的球体，如图24-11所示。

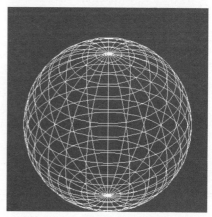

图24-11

命令4 绘制圆柱体

◎ 命令功能

使用【圆柱体(CYLINDER)】命令可以创建无锥度的圆柱体或椭圆柱体，该实体与圆或椭圆被执行拉伸操作的结果类似。圆柱体是在三维空间中，由圆的高度创建与拉伸圆或椭圆相似的实体原型。

◎ 命令格式

CYLINDER

实例1 创建一个底面半径为40、高度为100的圆柱体

AutoCAD 2013/2012/2011/2010

❶ 输入并执行【ISOLINES】命令，重新设置实体的线宽密度为24，然后输入并执行【CYLINDER】命令，在绘图区单击鼠标指定圆柱底面中心点，如图24-12所示。

图24-12

❷ 当系统提示"指定圆柱体底面的半径值或："时，输入圆柱底面半径值为40，如图24-13所示。

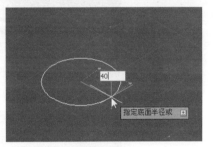

图24-13

❸ 当系统提示"指定圆柱体高度或："时，输入圆柱体高度值为100，如图24-14所示。然后进行确定，完成圆柱体的创建，效果如图24-15所示。

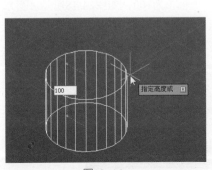

图12-14

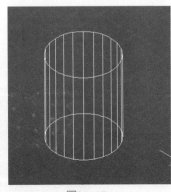

图24-15

实例2 创建一个底面为椭圆形、高度为100的椭圆柱体

AutoCAD 2013/2012/2011/2010

1 输入并执行【CYLINDER】命令,当系统提示"指定地面对中心点或:"时,输入E并确定,选择【椭圆】选项,如图24-16所示。

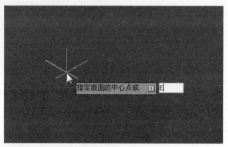

图24-16

2 当系统提示"指定第一个轴的端点:"时,指定椭圆第一个轴的端点,如图24-17所示。

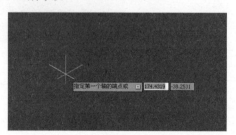

图24-17

3 向左移动鼠标,指定第一个轴长为100,如图24-18所示。当系统提示"指定第二个轴的端点:"时,向上指定第二个轴长为50,如图24-19所示。

图24-18

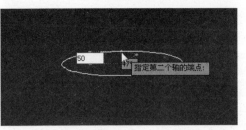

图24-19

④ 当系统提示"指定高度或："时，指定椭圆柱的高度为100，如图24-20所示。然后确定即可创建椭圆柱，如图24-21所示。

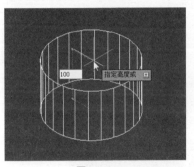

图24-20

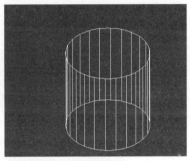

图24-21

命令5　绘制圆锥体

◉ 命令功能

使用【圆锥体(CONE)】命令可以创建实心圆锥体或圆台体的三维图形。

◉ 命令格式

CONE

实例1　创建一个底面半径为40、高度为100的圆锥体

AutoCAD 2013/2012/2011/2010

❶ 输入并执行【ISOLINES】命令，重新设置实体的线宽密度为

24，然后输入并执行【CONE】命令，在绘图区单击鼠标指定圆锥底面
中心点，如图24-22所示。

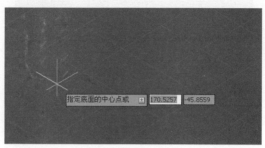

图24-22

② 当系统提示"指定底面半径或："时，指定底面半径为40，如
图24-23所示。

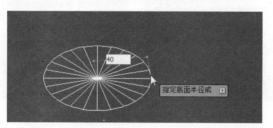

图24-23

③ 当系统提示"指定高度或："时，指定圆锥体高度为100，
如图24-24所示。然后进行确定，即可创建一个圆锥体，如图24-25
所示。

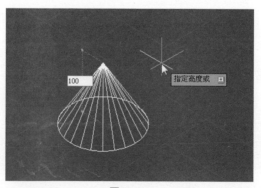

图24-24

图24-25

实例2　创建一个底面半径为40、顶面半径或20、高度为100的圆台体

AutoCAD 2013/2012/2011/2010

1 输入并执行【ISOLINES】命令，重新设置实体的线宽密度为24，然后输入并执行【CONE】命令，在绘图区单击鼠标指定圆台体底面中心点，如图24-26所示。

图24-26

2 当系统提示"指定底面半径或："时，指定底面半径为40，如图24-27所示。

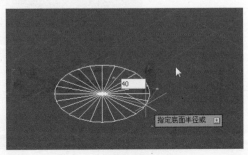

图24-27

③ 当系统提示"指定高度或："时，输入T并确定，选择【顶面半径】选项，如图24-28所示。

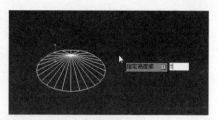

图24-28

④ 当系统提示"指定顶面半径："时，指定顶面半径为20，如图24-29所示。

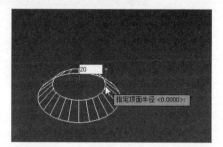

图24-29

⑤ 当系统提示"指定高度或："时，指定圆台体的高度为100，如图24-30所示。然后进行确定，即可创建一个圆台体，如图24-31所示。

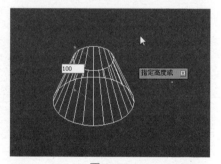

图24-30

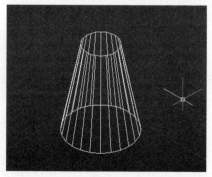

图24-31

命令6 绘制圆环体

命令功能

使用【圆环（TORUS）】命令可以创建圆环体对象，该命令也可创建自交圆环体。如果圆管半径和圆环半径都是正值，且圆管半径大于圆环半径，结果就像一个两极凹陷的球体。如果圆环体半径为负值，圆管半径为正值，且大于圆环体半径的绝对值，则结果就像一个两极尖锐突出的球体。

命令格式

TORUS /TOR

实例1　创建一个圆环半径为40、圆管半径为20的圆环体

AutoCAD 2013/2012/2011/2010

❶ 输入并执行【ISOLINES】命令，重新设置实体的线宽密度为24，然后输入并执行【TORUS】命令，然后指定圆环体的中心点，如图24-32所示。

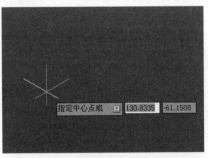

图24-32

❷ 当系统提示"指定圆环体半径或"时，指定圆环体的半径值为40，如图24-33所示。

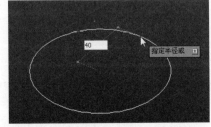

图24-33

③ 当系统提示"指定圆管半径或："时，指定圆管的半径值为20，如图24-34所示。然后进行确定，即可创建一个圆环体，如图24-35所示。

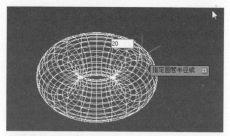

图24-34

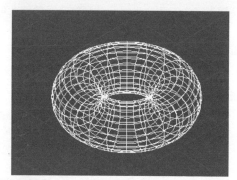

图24-35

命令7 渲染图形

命令功能

对三维模型添加光源和材料可以使其更加逼真，如果要取得更好的效果，就需要对其进行渲染。渲染模型后，如果效果不太满意，可以返回绘图区对光源与材质等进行修改，以达到满意的效果。

命令格式

RENDER

实例1 渲染图形

AutoCAD 2013/2012/2011/2010

① 输入并执行【RENDER】命令，将打开【渲染】对话框，如图24-36所示。

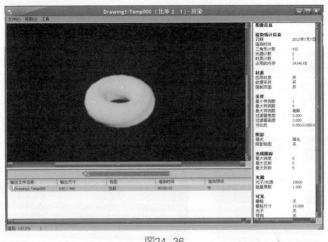

图24-36

2 在打开的渲染窗口中选择【文件】/【保存】命令,打开【渲染输出文件】对话框,对渲染的效果进行保存,如图24-37所示。

图24-37

综合应用实例 三维支架模型

本例将介绍在AutoCAD中绘制支架的三维模型的方法,本例将运用到【长方体】、【圆柱体】等多个常用命令。

1 进入【三维建模】工作空间,在【视图】中将视图转变为【西南等轴测】视图,如图24-38所示。

❷ 输入并执行【长方体】命令，指定第一角点后，继续指定另一个角点，如图24-39所示。

图24-38

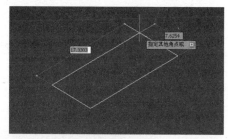

图24-39

❸ 当系统提示"指定高度或："时，直接指定长方体的高度，如图24-40所示。

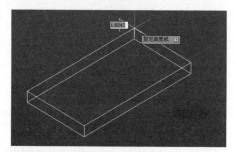

图24-40

❹ 然后按下空格键进行确定，如图24-41所示。

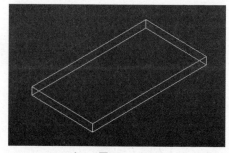

图24-41

⑤ 继续执行【长方体（BOX）】命令，在如图24-42所示的位置指定长方体的第一个角点。

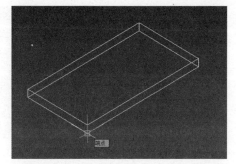

图24-42

⑥ 当系统提示"指定其他角点："时，输入L并确定，然后指定长方体的长度，如图24-43所示。

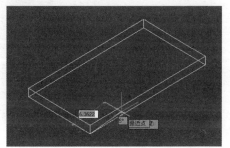

图24-43

⑦ 继续指定长方体的宽度，如图24-44所示。

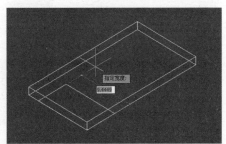

⑧ 然后指定长方体的高度，如图24-45所示。完成效果如图24-46所示。

图24-44

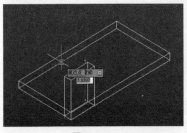

图24-45

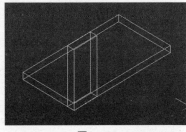

图24-46

⑨ 将视图转换为【前视】视图，视图内的效果图形效果，如图24-47所示。

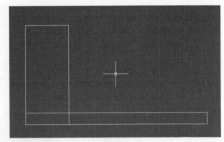

图24-47

⑩ 输入并执行【圆柱体】命令，指定圆柱体底面的中心点，如图24-48所示。

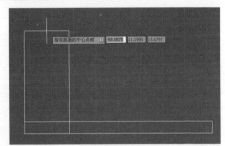

图24-48

⑪ 指定圆柱体底面的半径和高度，然后进行确定，如图24-49所示。

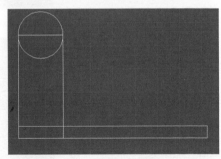

图24-49

⑫ 使用同样的方法创建一个稍小的圆柱体，如图24-50所示。

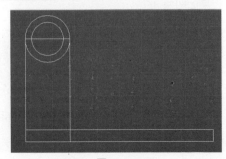

图24-50

⑬ 将视图转换为【俯视】视图，图形效果如图24-51所示。

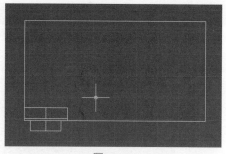

图24-51

⑭ 使用【移动（M）】命令。调节两个圆柱体的位置，如图24-52所示。

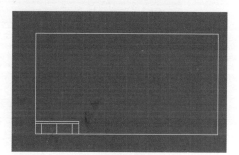

图24-52

⑮ 将视图转换为【西南等轴测】视图，如图24-53所示。

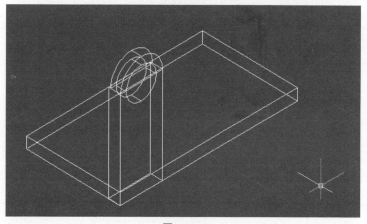

图24-53

⑯ 使用【移动（M）】命令对图形进行移动，如图24-54所示。

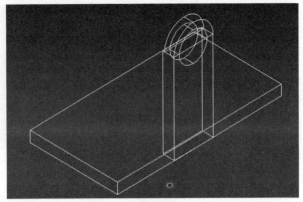

图24-54

⑰ 使用【复制（CO）】命令对图形进行复制，效果如图24-55所示。

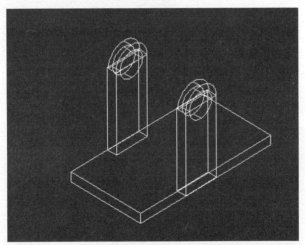

图24-55

第 *25* 章

表示图形的方法

要从事实际的工作，只学会绘图技能是不够的。在日常的工作中，面对绘制全新工程图的情况，要求具备基本的绘图知识。

命令1 第一视角法

⚙ 命令功能

在我国第一视角投影应用比较多，通常使用第一视角投影的国家还有德国、法国等欧洲国家。GB和ISO标准一般都是使用第一视角符号法。

实例1 第一视角符号法   AutoCAD 2013/2012/2011/2010 ◔

在ISO国际标准中第一视角投影法有规定的图形符号。

第一视角图形符号，如图25-1所示。

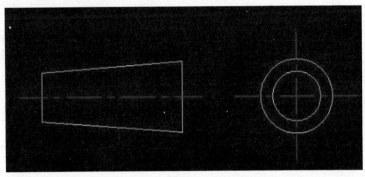

图25-1

命令2 第三视角法

⚙ 命令功能

第三视角法常规称为美国法或A法，第三视角投影法是假象将物体置于透明的玻璃盒中，玻璃盒的每一侧面作为投影面，按照"观察点→投影面→物体"的相对位置关系，作正投影所得图形的方法。

实例1 第三视角符号法   AutoCAD 2013/2012/2011/2010 ◔

在ISO国际标准中第三视角投影法有规定的图形符号。

第三视角图形符号，如图25-2所示。

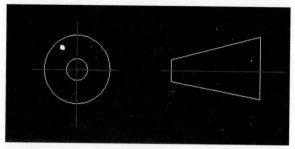

图25-2

命令3 剖视图的表达

🏀 命令功能

在图形表达中，当物体的内部结果复杂时，如果采用视图表达式，则会在图形上出现过多的虚线及虚实线交叉重叠的现象，这样给画面带来不便。如果使用一个剖切平面平行于某一个投影面，把物体在某一位置剖开，将观察者和剖切平面之间的部分移去，其余部分向投影面作投影，所得到的图形简图称为剖视图。

实例1 剖视效果　　　　　　AutoCAD 2013/2012/2011/2010

在图形表达中，当物体的内部结果复杂时，如果采用视图表达式。

剖视的效果，如图25-3所示。

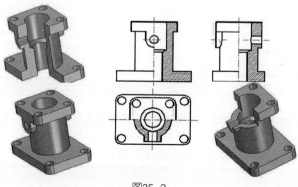

图25-3

命令4 剖视图的画法

命令功能

　　绘制剖视图时，首先要确定好裁切图形的位置。一般选投影面的平面或垂直面，并尽量与物体的孔、槽等结构的轴线对称平面重合。然后绘制相应的剖视图中与面接触的实体部分，画出区域剖切后面的可见部分的投影，剖切面区域画出剖面符号。当剖切面经过内、薄壁等对称面时，这些结构在剖视图上不补画符号，而是要使用粗实线将其与相邻的部分分开。

命令5 剖视图的标注

命令功能

　　为了便于查看剖视图，在剖视图上通常要标注符号、箭头和剖视名称3项内容，其中各项内容的含义和要求如下。

- 标注符号：用于表示剖视位置。在剖面的起点、终点及转折处，画上粗实线并尽可能不与图形的轮廓线相交。
- 箭头：用于表示投影方向，画在剖面符号的两端。
- 剖视名称：在剖视图的上方用大写字标出剖视图的名称，如"A–A"，并在剖视符号的两端和转折处标注上相同的字母。

实例1　剖视图的标注　　　　　　　AutoCAD 2013/2012/2011/2010

　　为了便于查看剖视图，在剖视图上通常要标注符号、箭头和剖视名称3项内容。

　　在剖视图的上方用大写字母标出剖视图的名称，如图25-4所示。

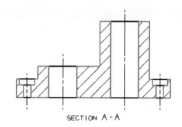

SECTION A-A

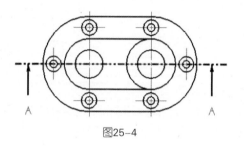

图25-4

命令6 剖面图的种类

命令功能

　　剖视图可以分为全剖视图、半剖视图、局部剖视图3种，各种剖视图的特点如下。

- 全剖视图：用剖切平面将物体完全剖开后得到的视图称为全剖视图，主要用于表达内部形状比较复杂而其外形比较简单的物体。

- 半剖视图：当物体具有对称平面时，在垂直对称平面的投影面上的投影所得到的图形，可以对称中心线为界，一半画成剖视图以表达内部结构，另一半画成视图以表达外形，这种图称为半剖视图。

- 局部剖视图：当需要表达物体的内部结构，有需要表达物体的外形，而物体不对称，不能用半剖视图的方法，则可以采用局部剖视的方法。

实例1 剖面图的种类

剖视图的三种剖面形式。

1 全剖面图，如图25-5所示。

2 半剖面图，如图25-6所示。

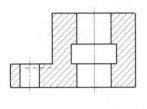

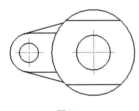

图25-5

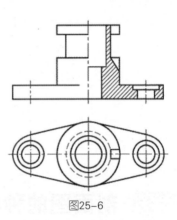

图25-6

3 局部剖面图，如图25-7所示。

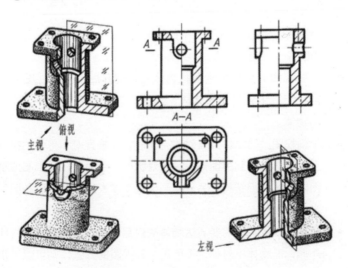

图25-7

索引目录1

AutoCAD命令集（按字母排序）

索引目录1

索引目录2

序号	命令	简写	用途	对应页码
1	ADCENTER	ADC	启动AutoCAD 设计中心	
2	ARC	A	绘制圆弧	
3	AREA	AA	计算机所选择区域的周长和面积	
4	ARRAY	AR	阵列图形	
5	BHATCH	BH	区域图样填充	
6	BLOCK	B	将所选的图形定义为一个图块	
7	BOX		绘制三维长方实体	
8	BREAK	BR	打断图形	
9	CHAMFER	CHA	倒直角	
10	CIRCLE	C	绘制圆	
11	CLEANSCREENON		全屏显示图形	
12	CLOSE		关闭当前图形文件	
13	CONE		绘制三维圆锥实体	
14	COPY	CO	复制	
15	CROSSING		交叉选择对象	
16	CYLINDER	CYL	绘制一个三维圆柱实体	

（续表）

序号	命令	简写	用途	对应页码
17	DDEDIT	ED	编辑单行文字、标注文字、属性定义和功能控制性边框	
18	DDSTYLE		打开文字样式	
19	DIMALIGNED	DAL	对齐标注	
20	DIMANGULAR	DAN	标注角度	
21	DIMBASELINE	DBA	基线标注	
22	DIMCENTER	DCE	标注圆心	
23	DIMCONTINUE	DCO	连续标注	
24	DIMDIAMETER	DDI	标注直径	
25	DIMEDIT	DED	编辑尺寸标注	
26	DIMJOGLINE	DJL	折弯线性标注	
27	DIMLINEAR	DLI	标注长度尺寸	
28	DIMORDINATE	DOR	标注坐标值	
29	DIMRADIUS	DRA	标注半径	
30	DIMTEDIT	DIMTED	编辑尺寸文本	
31	DIST	DI	测量两点之间的距离	
32	DIVIDE	DIV	定数等分对象	
33	DONUT	DO	绘制圆环	
34	DTEXT		单行文字	

（续表）

序号	命令	简写	用途	对应页码
35	ELLIPSE	EL	绘制椭圆或椭圆弧	
36	ERASE	E	删除实体	
37	EXPLODE	X	分解图形对象	
38	EXPORT	EXP	文件格式输出	
39	EXTEND	EX	延伸	
40	FILLET	F	倒圆角	
41	FILTER	FI	过滤选择实体	
42	FIND		查找和替换文件	
43	ID		显示点坐标	
44	IMPORT	IMP	插入其他格式文件	
45	INSERT	I	把图块插入到当前图形文件	
46	INTERSECT	IN	对三维实体求交集	
47	JOIN	J	合并	
48	JUSTIFYTEXT		对正文字	
49	LAYER	LA	图层特性管理器	
50	LENGTHEN	LEN	拉长	
51	LINE	L	绘制直线	
52	LINETYPE	LT	线型管理器	
53	LIST	LI	列表显示对象信息	
54	LTSCALE	LTS	设置全局线型比例系数	

（续表）

序号	命令	简写	用途	对应页码
55	LWEIGHT	LW	改变当前线宽	
56	MATCHPROP	MA	对象特性匹配	
57	MEASURE	ME	定距等分对象	
58	MINSERT		按矩形阵列方式插入图块	
59	MIRROR	MI	镜像实体	
60	MLEADERSTYLE	MLS	多重引线样式管理器	
61	MLEDIT		编辑多线	
62	MLINE	ML	绘制多线	
63	MLSTYLE		定义多线样式	
64	MOVE	M	移动对象	
65	MTEXT	T	创建多行文字	
66	MULTIPLE		反复多次执行上一次命令	
67	NEW		新建图形文件	
68	OFFSET	O	偏移复制对象	
69	OPEN		打开图形文件	
70	PAN	P	平移图形	
71	PEDIT	PE	编辑多段线和三维多边形网格	
72	PLINE	PL	绘制多段线	
73	POINT	PO	绘制点	

（续表）

序号	命令	简写	用途	对应页码
74	POLYGON	POL	绘制正多边形	
75	PRINT		打印图形	
76	PROPERTIES	PR	对象特性	
77	QLEADER	LE	快速标注引线	
78	QSAVE		保存当前图形文件	
79	QSELECT		快速选择对象	
80	QUIT	EXIT	退出AutoCAD	
81	RAY		绘制射线	
82	RECTANG	REC	绘制矩形	
83	REDO		恢复由Undo 命令取消的最后一道命令	
84	REDRAW	R	重画	
85	REGEN	RE	重新生成当前视窗中的图形	
86	REGION	REG	创建面域	
87	RENDER	RR	渲染	
88	REVCLOUD		修订云线	
89	ROTATE	RO	旋转二维图形	
90	SAVE		保存图形文件	
91	SAVEAS		将当前图形另存为一个新文件	
92	SCALE	SC	比例缩放	

（续表）

序号	命令	简写	用途	对应页码
93	SCALETEXT		缩放文字	
94	SE		捕捉对象设置	
95	SELECT		选择对象	
96	SKETCH		徒手画线	
97	SPELL	SP	检查文字对象的拼写	
98	SPHERE		绘制球体	
99	SPLINE	SPL	绘制样条曲线	
100	SPLINEDIT	SPE	编辑样条曲线	
101	STRETCH	S	拉伸实体	
102	TABLE	TB	插入表格	
103	TABLEDIT		表格编辑	
104	TABLEEXPLORT		表格输出	
105	TABLESTYLE	TS	表格样式	
106	TEXT		添加特殊字符	
107	TORUS	TOR	创建圆环实体	
108	TRIM	TR	剪切	
109	UNDO		撤销上一组操作	
110	UNION	UNI	布尔运算求并集	
111	WBLOCK	W	写块	
112	WINDOW		窗口打开	
113	XLINE	XL	绘制构造线	
114	ZOOM	Z	视图缩放	

索引目录2
功能键与快捷键速查

序号	按键	用途
1	F1	帮助，相当于HELP命令
2	F2	图形和文本窗口切换，相当于TEXTSCR命令
3	F3	打开或关闭对象捕捉功能
4	F4	2011之前版本是打开或关闭数字化仪 2011/2012/2013版本是三维对象捕捉设置
5	F5	切换等轴测平面
6	F6	打开或关动态UCS
7	F7	打开或关闭栅格
8	F8	打开或关闭正交模式
9	F9	打开或关闭捕捉模式
10	F10	打开或关闭极轴追踪功能
11	F11	打开或关闭对象追踪
12	F12	打开或关闭动态输入
13	Esc	取消正在执行的命令
14	Ctrl+0	开关清楚屏幕，即打开或关闭绘图屏幕的最大化
15	Ctrl+1	打开或关闭特性按钮

（续表）

序号	按键	用途
16	Ctrl+2	打开或关闭系统设计中心
17	Ctrl+3	打开或关闭工具选项板
18	Ctrl+4	打开或关闭图纸集管理器
19	Ctrl+5	打开或关闭信息选项板
20	Ctrl+6	打开或关闭数据库连接管理器
21	Ctrl+7	打开或关闭标记集管理器
22	Ctrl+8	快速打开计算器
23	Ctrl+9	打开或关闭命令行
24	Ctrl+ A	选择全部对象
25	Ctrl+ B	打开或关闭捕捉功能，同F9
26	Ctrl+ C	复制到内容到剪切板
27	Ctrl+ D	打开或关闭动态UCS，同F6
28	Ctrl+ E	切换等轴测平面，同F5
29	Ctrl+ F	打开或关闭对象捕捉功能，同F3
30	Ctrl+ G	打开或关闭栅格，同F7
31	Ctrl+ H	控制组选择和关联图案填充选择的使用
32	Ctrl+ I	控制状态行上坐标的格式和更新频率
33	Ctrl+ J	重复执行上一步命令
34	Ctrl+ K	超链接

（续表）

序号	按键	用途
35	Ctrl+ L	打开或关闭正交模式，同F8
36	Ctrl+ M	重复执行上一步命令，同Ctrl+ J
37	Ctrl+ N	新建文件
38	Ctrl+ O	打开文件
39	Ctrl+ P	打印输入
40	Ctrl+ Q	快速关闭系统
41	Ctrl+ S	快速保存
42	Ctrl+ T	打开或关闭数字化仪
43	Ctrl+ U	打开或关闭极轴追踪功能，同F10
44	Ctrl+ V	从剪切板粘贴
45	Ctrl+ W	2011之前版本是打开或关闭对象捕捉追踪，同F11 2011/2012/2013版本是打开或关闭选择循环
46	Ctrl+ X	将对象剪切到剪切板上
47	Ctrl+ Y	取消上一次的UNDO 命令
48	Ctrl+ Z	取消上一次的命令操作
49	Ctrl+ Shift+ C	带基点复制
50	Ctrl+ Shift+ S	另存为
51	Ctrl+ Shift+ V	粘贴为块
52	Alt+ F	打开"文件"下拉菜单

（续表）

序号	按键	用途
53	Alt+ E	打开"编辑"下拉菜单
54	Alt+ V	打开"视图"下拉菜单
55	Alt+ I	打开"插入"下拉菜单
56	Alt+ O	打开"格式"下拉菜单
57	Alt+ D	打开"绘图"下拉菜单
58	Alt+ N	打开"标注"下拉菜单
59	Alt+ M	打开"修改"下拉菜单
60	Alt+ P	打开"参数"下拉菜单
61	Alt+ W	打开"窗口"下拉菜单
62	Alt+ H	打开"帮助"下拉菜单